일반생물학실험서

일반생물학 교재편찬위원회 편

계명대학교 출판부

머리말

자연과학은 실험적이고 실증적인 정보를 바탕으로 성립하는 학문이다. 따라서 생물학을 배우는 우리 학생들이 생물학 강의 시간에 배우는 내용에 맞추어서 생물학 실험을 병행하여 이수하는 것이다. 학생들은 이와 같은 실험 수업을 통하여 생물학에 대한 기초적이고 실증적인 지식, 기본적인 실험 기법, 현미경과 같은 기본적인 도구의 사용방법과 기술을 익히게 되고, 실험이 끝난 후 작성하는 실험 보고서를 통하여 자연과학을 이루는 정보가 어떻게 얻어지는지를 익히게 될 것이다.

본 생물학과에서는 학과의 설립 이래 계속하여 일반생물학 및 실험 강좌를 개설하여 왔고, 따라서 일반생물학실험도 실시해 왔으나, 여러 가지 사정으로 미루어 오다가 비로소 학생들을 위해 일반생물학 실험서를 처음으로 출간하게 된 것은 때늦은 감이 없지 않다. 그러나 2010년 들어서 본교의 교육편제 개편에 따라서 자연과대학의 모든 학과가 필수적으로 일반생물학 및 실험 과목을 이수하게 되었다. 따라서 이 기회에 지금까지 실시해온 실험 내용의 질과 양을 크게 개선하여 새로운 교육 편제 개편의 목표에 부합하는 일반생물학 및 실험 강좌를 만들기 위하여 일반생물학 실험서를 출간하게 되었다.

이 실험서의 내용은 일반 생물학 교과서를 기준으로 실험의 내용이 구성되어 있으나, 다만 모든 생물학 실험서가 그러하듯이 설비, 내용, 시간적 측면에서 일반생물학실험에서 다루기가 복잡하거나 어려운 것을 전공 실험 쪽에서 실시하도록 한 것은 양해가 되어야할 줄 안다. 이 실험서는 풍부하고 다양한 실험 주제를 다루고 있으므로 모든 내용을 한 학기에 취급하지는 못한다. 그럼에도 불구하고 이렇게 다양한 주제를 제공하는 이유는 자연과학대학의 모든 학과의 학생들이 일반생물학 및 실험을 이수하도록 하게 됨에 따라 각 학과의 특성에 맞는 적절한 주제를 선별하여 수업을 할 수 있도록 하기 위함이다. 각 학과의 전문성을 고려한 차별화된 실험 수업을 통하여 보다 더 실질적인 교육 효과를 얻고자한다. 그 외에 보다 실질적인 이유로서 수강학생의 수나 설비의 준비 상태 등에 따라서도 상황에 알맞게 주제를 선별하여 운용할 수가 있을 것이다.

학생들은 실험 전에 해당 실험서의 내용을 읽어서 강의 시간을 통해서 배운 이론 부분을 숙지한 후, 실험의 목적과 내용과 의미를 잘 파악하고 수업에 임하는 것이 바람직하다. 실험서가 제공이 되어 실험시간의 이용 효율이 크게 높아지게 되므로 자연히 다루는 실험 내용이 많아질 것이기 때문이다.

초판을 출간함에 있어서 완벽한 내용을 갖추었다고 자신할 수는 없지만 매 학기 수업을 진행할 때마다 혹시 미비점이 발견되면, 이를 위해 수정, 보완하는 수고와 노력을 아끼지 않을 것이다. 실험 수업에 참여하는 모든 학생들과 조교 선생들의 기탄없는 의견도 충심으로 기대한다. 이러한 아낌없는 노력과 관심들이 보다 훌륭한 실험 수업, 보다 나은 실험서를 만들어 갈 줄로 믿는다.

첫술에 배부르지 않으리. 해를 거듭할수록 더욱 충실한 수업과 실험서가 되기를 기원하며,

2010년 6월 자연과학대학 생물학과 교수 일동

목차

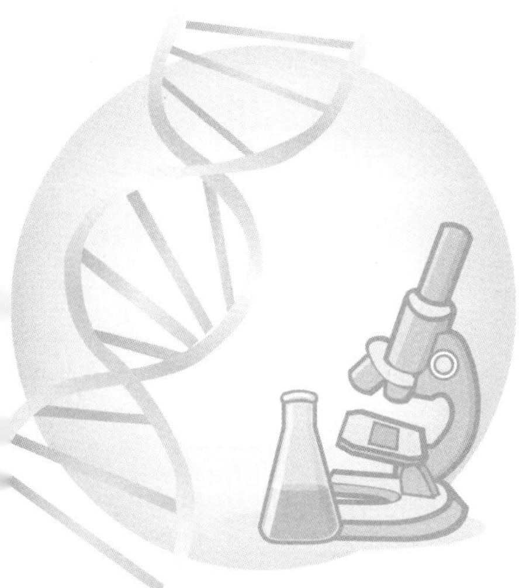

1 현미경 사용법

목적

현미경의 올바른 사용법과 현미경의 종류, 구조와 작동원리, 사용할 때의 주의사항 등을 익히고 실습한다.

이론과 원리

1) 현미경의 종류

현미경의 종류는 광학 현미경(Light Microscope or Compound Microscope), 실체 현미경(Dissecting Microscope or Stereoscopic Microscope), 그리고 전자현미경(Electron Microscope)으로 크게 구분된다.

(1) 임상 현미경 : Transmitted Light를 이용하여 투명물체를 고배율로 확대하여 보는 기초적인 현미경이다.

(2) 편광 현미경(Polarized Microscope) : 편광 현미경은 여러 가지 물체가 혼합된 상태의 표본에서 각 물체마다 빛의 진동하는 방향이 다른 점을 이용하여 어떤 각도에서 한 가지 물질만을 관찰, 혹은 어떤 물체가 혼합되어 있는가를 알아내는데 사용되어 진다.

일반 광선은 여러 방향으로 진동하면서 직진하는데, 이 빛이 편광판(polarizer)에 닿으면 어느 한 방향으로 진동하는 빛만이 편광판을 통과하게 된다. 이 통과된 빛이 관찰하고자 하는 물체를 통과하거나 반사될 때는 물체의 특성에 따라 굴절 또는 반사하는 각도가 다르게 되어 Analyzer를 회전시키면서 물체를 보면 어느 일정한 각도에서만 그 물체가 보이게 된다. 이때 이 각도를 읽으면 보이는 물체가 무엇인지를 알 수 있게 된다. 실제로는 물체를 놓는 Stage를 회전시켜서 보게 되며, Stage에 각도가 새겨져 있다.

(3) 형광 현미경(Fluorescence Microscope) : 보통 현미경에 사용하는 것보다 높은 광원을 부착하였으며, 어느 특수 파장만을 통과시키는 Exciter Filter를 통과한 단일 파장이 형광성 물질로 염색된 물질에 부딪치면 그 물체에서 어떤 영역의 파장만을 발산하게 되는데, 이때 이 빛을 Barrier Filter를 통해서 보게 되면 보통 현미경보다 2~3배 선명도가 좋은 상을 얻게 된다. 물체에 따라 사용하는 형광물질이 다르며, 또한 사용하는 Filter도 다르게 된다. Filter 선정시에는 Exciter와 Barrier의 주파수 특성이 맞는 것끼리 짝을 맞추어 사용해야 한다.

(4) 금속 조직 현미경 : Reflected Light를 이용하여 불투명한 물체를 확대하여 보는 현미경이며, 주로 금속의 조직관찰에 이용된다.

(5) 위상차 현미경(Phase Contrast Microscope) : 위상차현미경은 광선이 표본에 닿은 후 생기는 회절광을 광축에 가까운 것과 먼 것으로 나누어, 적당한 굴절률과 두께를 가진 투명판(이것을 위상판이라고 함)을 사용해 전자를 후자보다 정확히 위상이 1/4파장만큼 늦어지게 만들어 줌으로써 표본 각부의 굴절률의 차이를 명암으로 볼 수 있게 되는 것이다. 염색이 안 되었거나, 색깔이 없는 것 또는 투명한 물체를 보통 현미경으로는 식별이 어려워서 지금까지는 염색법, Dark field 혹은 편광을 사용했으나 불편한 점이 있어 이를 개선하기 위해서 만들어진 현미경이다. 착색으로 조직 파괴의 우려가 있는 표본이나 주위 배경으로부터 관찰이 힘든 시험물질을 관찰하는 현미경으로서 회절, 굴절, 분산 및 간섭현상을 이용하였다.

(6) 실체 현미경(Stereoscopic Microscope 혹은 Dissecting Microscope) : 저배율 확대용 현미경으로서 실물을 확대하여 우리 눈으로 보는 것과 똑같이 보이도록 설계된 해부 현미경이다.

(7) 마이크로줌 현미경(Microzoom Microscope) : 저배율 Stereozoom 현미경과 고배율 현미경의 원리를 복합하여 만든 현미경이다. Zoom으로 1X~2X까지 배율 조정이 되며 실체 현미경과 같이 실물의 상하 좌우 방향이 바뀌지 않는다. 보통 고배율 현미경과는 달리 표본과 대물렌즈와의

거리(Working Distance)가 매우 커서 건드려서는 안될 물체를 보는데 매우 유리하다.

(8) 전자현미경(Electron Microscope) : 주사전자현미경(Scanning Electron Microscope, SEM)과 투과전자현미경(Transmitted Electron Microscope, TEM)이 있다. SEM은 물체를 전자 beam으로 주사하여 3차원으로 관찰하는 현미경으로서 전자가 물체를 통과하는 것의 상을 만드는 것이 아니라, 이 전자가 물체를 때릴 때 발생되는 2차 전자의 상을 만들어 관찰하는 것으로 보통의 광학 현미경보다 Depth of Field(상이 만족하게 보이는 위치에서 물체가 움직일 수 있는 거리)가 500배 정도 크다. TEM은 전자 beam으로 물체를 조명하여 대단히 얇은 두께의 표본에서 통과한 전자를 자기장으로 초점을 맞추어 상이 나타나게 한 현미경이다.

전자현미경의 원리는 광학 현미경의 원리와 유사하지만 몇 가지 큰 차이점이 있다. 진공중에서 가열된 텅스텐필라멘트 등의 열음극(hot cathode)에 높은 마이너스 전압(일반적으로 50~100kV)을 걸고 그 밑에 양극을 놓으면 필라멘트로부터 열전자(thermoelectron)가 양극을 향하여 튀어나온다. 튀어나온 전자선은 양극의 중앙에 있는 구멍을 통하고 집광렌즈(condenser lens)를 통하여 피검조직에 도달하여 관통한 후, 다시 대물렌즈와 투사렌즈에 의해서 굴절되어 형광판 위에 확대된 상을 맺게 된다. 관찰자는 이 형광판 위에 나타나는 상을 보고 사진필름으로 촬영하고 인화하여 전자현미경사진을 얻게 된다. 전자현미경의 집광렌즈, 대물렌즈, 투사렌즈는 모두 전자석으로 된 전자렌즈다.

2) 광학 현미경의 사용 및 초점 조절방법

(1) 불이 잘 들어오는가를 확인하고 모든 렌즈 조절장치를 점검한다.

(2) 대물렌즈와 Stage의 거리를 높여놓고 Stage 위에 표본을 올려놓는다.

(3) 최저의 배율(4X 혹은 2.5X) 렌즈를 사용하여 초점 조절을 하면서 Mechanical Stage를 상하좌우로 표본을 이동하여 표본이 시야의 중심에 위치하도록 한다. 또한 집광장치(Condenser)의 조리개를 닫아 집광된 빛이 시야의 중심에 있는가를 확인한다. 중심에 있지 않으면 집광장치 중심조절 Screw 손잡이를 좌우로 회전시켜 맞춘다.

(4) 오른쪽 눈으로 오른쪽 대안렌즈를 보면서 초점조절을 정밀하고 선명하게 맞춘다.

(5) 오른쪽 눈을 살며시 감고 왼쪽 눈으로 왼쪽의 대안렌즈를 보아 상이 선명하지 않으면 왼쪽의 대안렌즈 Tube 링을 좌우로 돌려 초점을 맞춘다. 이때 초점조절 장치는 건드리지 말아야 한다.

(6) 두 눈의 거리는 대안렌즈 Tube 손잡이로 거리를 맞춘다.

(7) 최저의 배율에서 보고자 하는 렌즈의 배율로 변화시켜 사용한다. 이때 최저의 배율에서는 선명한 상이 조절되었으나 다른 배율로 변환한 후 선명도가 대충 맞추어지지 않았으면 수리 점검을 받는 것이 좋다.

3) 현미경 사용시 주의사항

(1) 전원 공급시는 접지 가능한 3선 코드식을 이용하는 것이 좋다. 이는 전원부의 고장시 인체에 미치는 영향을 미연에 방지할 수 있다.

(2) 100W 할로겐 램프 사용시는 강한 빛의 방출로부터 눈을 보호하여야 한다. 직접 램프를 보지 말 것.

(3) 모든 렌즈는 손으로 직접 만져서는 안 된다. 만일 지문 등이 묻어 있으면 알콜 및 지정된 세척제 등으로 제거하여야 한다.

(4) 먼지는 해상력 감퇴의 원인이 되므로 사용하지 않을 때는 카버를 꼭 씌워 오염을 방지하여야 한다.

(5) 형광 현미경 사용시에 강력한 형광 불빛을 직접 보지 말 것.

(6) 할로겐 램프는 가스를 압입해 넣었기 때문에 충격을 주면 터질 위험성이 있으며 정해진 전압 이상으로 작동하면 쉽게 끊어지니 주의해야 한다.

(7) 모든 렌즈는 규정된 케이스에 보관하여야 하며 100 X 오일렌즈 사용 후에는 렌즈 세척용 약품으로 깨끗이 닦아야 한다. Xylene을 과량으로 사용하면 Micro ring이 녹아 오일이 스며들어 렌즈를 버리게 되므로 주의가 필요하다.

4) Immersion oil 사용법

고배율의 대물렌즈는 Working Distance가 짧고, N.A가 크기 때문에 Oil을 사용하게 된다(N.A : Numerical Aperture = Condenser에 의하여 형성된

삼각형 모양의 빛의 각도를 상징하며 이 빛은 대물렌즈로 역삼각형으로 흡수된다). Oil에서는 점도의 점착성과 분산도수가 약하든가 강하다면 렌즈에 막을 형성하지 못함으로 빛의 보호와 수차가 흐트러져 어두운 현상을 나타내기 때문에 정확한 표본 식별이 불가능해진다.

이상적인 Oil상태

(1) 빛의 분산도(Dispersion) : 섭씨 25도의 온도에서 렌즈를 침수했을 때 Oil의 분산은 수직에서 45°로 유지하여야 한다.
(2) 점도(Viscosity) : Oil의 낙하지점 중앙에서 일정시간 동안의 점도가 1800 Viscosity를 유지하여아 한다.
(3) 형광성(Fluorescence) : 형광성은 낮아야 한다.

5) 현미경의 관리 요령

(1) 현미경의 관찰실은 실내온도 20℃(±2), 습도 40%(±5%)에서 항상 유지하는 것이 가장 좋다.
(2) 모든 창에 검정색의 커텐을 설치하여 암실화 하며, 실내에 조명 조절장치를 하면 더욱 좋다.
(3) 최소 년 1회 이상 정비를 실시하여 공기 속의 오염 물질로 인한 렌즈의 누적된 오염 물질을 제거하여야 한다.
(4) 현미경을 사용하는 전기는 전압 조절 장치를 하여 일정한 전류의 흐름으로 유지하도록 한다.
(5) 현미경 사용 후에는 렌즈 세척제를 이용하여 렌즈 세척을 하고 Dust-cover로 씌워 놓는다.
(6) 현미경의 이동시에는 세심한 주의를 요하며 현미경에 충격은 절대 금지토록 한다. 충격을 가하면 렌즈 고정나사의 헐거움으로 굴절각이 흐트러져 이 증상의 현상으로 어지러움을 느낄 것이다.
(7) 렌즈 세척시 Mirror Paper 혹은 Xylene의 과다한 사용은 피하여야 한다. 이는 대물렌즈 중 최하단 렌즈에 Micro Ring을 손상시켜 Oil이 렌즈 속으로 침투함으로 상이 흐린 상태로 된다.

실험기구 및 재료

광학 현미경, 해부 현미경, 슬라이드 글라스, 커버 글라스, 증류수, 스포이드, 여과지, 종이 타올, Lens paper and cleaning solution, 신문지, 연필(4H), 켄트지

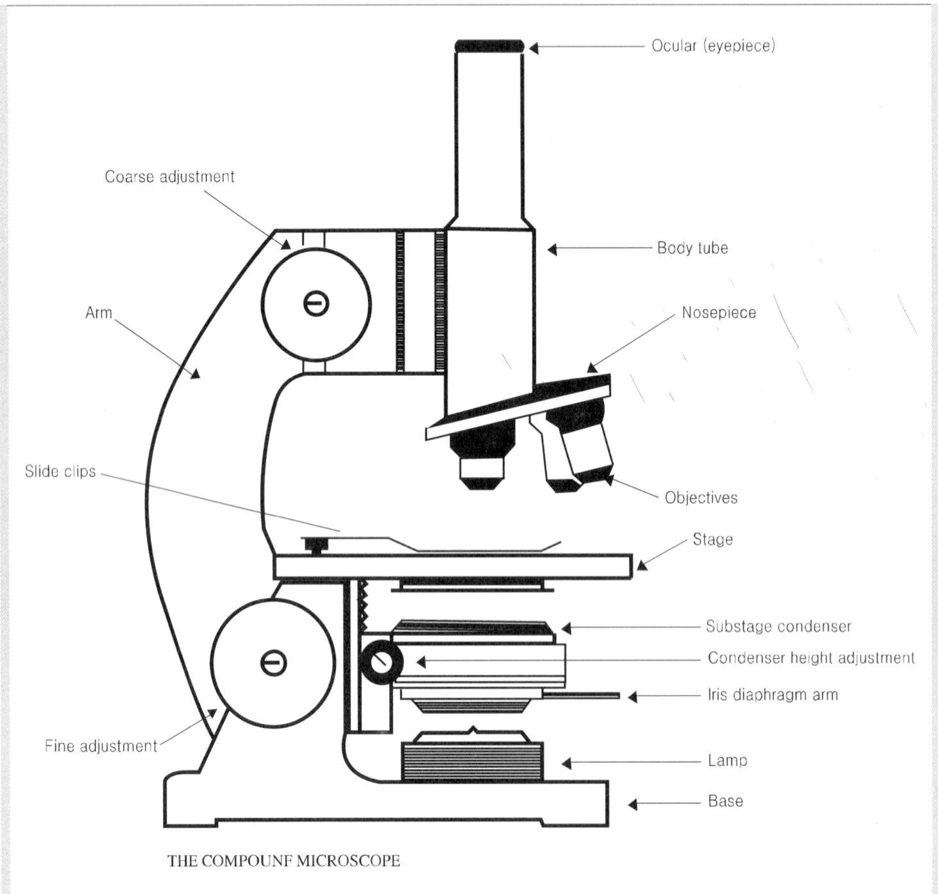

광학 현미경 구조

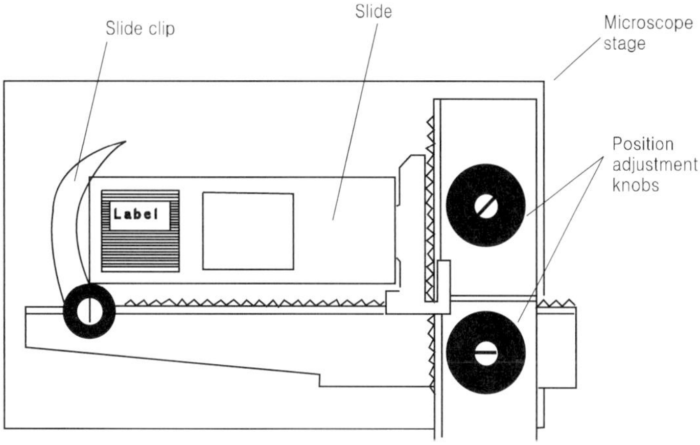

광학 현미경과 Stage

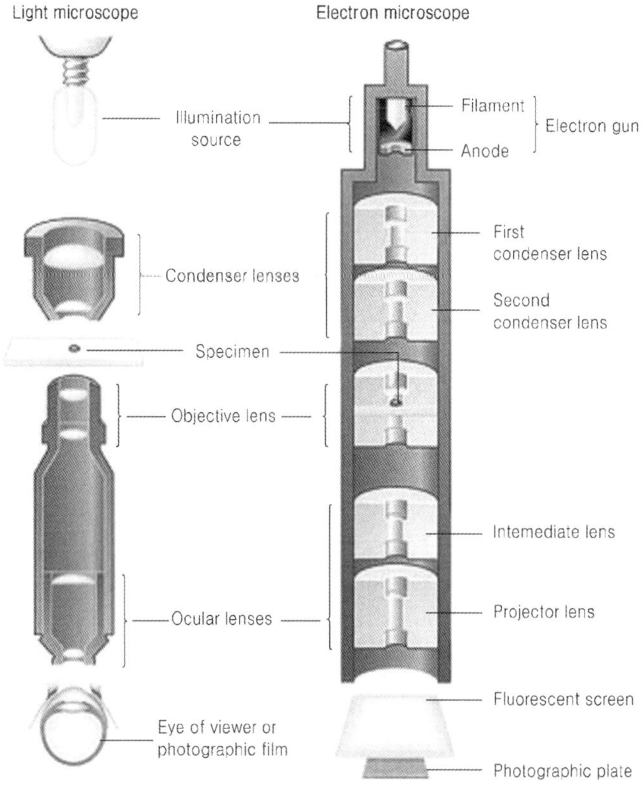

광학 현미경과 전자 현미경의 비교

실험 방법

1) 프레파라트 제작

(1) 신문에서 글자 1~2개가 들어가는 정사각형을 잘라낸다.

(2) 슬라이드 글라스 위에 신문조각을 놓고 증류수 1~2방울을 스포이드로 떨어뜨린다.

(3) 커버 글라스의 한 변을 슬라이드 글라스에 대고 약 45도 기운 상태에서 천천히 덮는다.

(4) 여분의 물기는 여과지나 종이 타올로 닦아낸다.

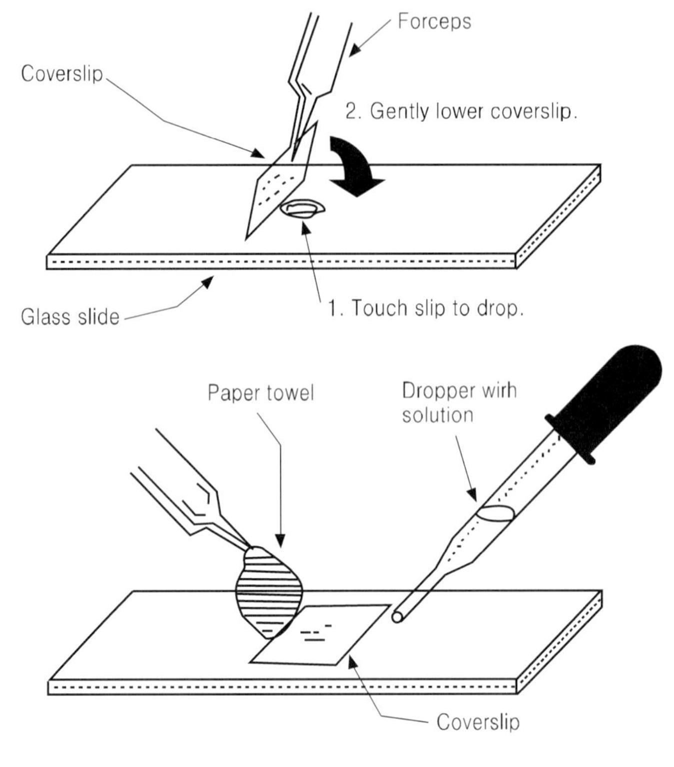

TECHNIQUES FOR MAKING A TEMPORARY WET MOUNT

프레파라트 제작

2) 현미경 관찰

(1) 위에서 제작한 프레파라트를 광학 현미경의 Stage에 놓고 가장 낮은 대물렌즈(X4)를 선택한다.

(2) 현미경의 광원을 켜고, 광학 현미경의 사용 및 초점 조절방법을 참고로 초점을 맞춘다.

(3) 해부 현미경에서의 관찰도 프레파라트를 Stage에 놓고 원하는 대물렌즈의 배율을 조절나사로 맞춘 후 조동나사를 이용하여 초점을 맞춘다.

1 실험 현미경 사용법

일반 생물학 실험서

제출일 :

대 학		학 과	
학 번		성 명	

실험결과 및 관찰

1) 광학 현미경에서 신문지 조각을 저배율로 관찰하면 글자의 상이 어떻게 맺히는가? 신문지의 실제 글자와 어떻게 다른가?

2) 광학 현미경에서 슬라이드 글라스를 자기 앞으로 당겼을 때는 상이 어떻게 옮겨지는가?

3) 저배율에서 고배율로 대물렌즈를 바꾸면 시야 속의 위치는 바뀌는가?

4) 고배율에서 시야의 밝기가 저배율과 비교하여 어떤가?

5) 현미경으로 관찰된 신문지 조각 글자의 상을 그려라. 연필(4H)을 사용하여 점으로 그림을 켄트지 위에 그린다.

6) 자신이 사용한 현미경의 각 부분의 구조, 명칭을 기입하라.

고찰

참고문헌

세포의 관찰

목적

생물을 구성하는 세포의 모양과 크기는 매우 다양하다. 진핵세포 중에서 식물과 동물의 세포를 관찰하고, 양자의 특징과 차이를 비교해 본다.

이론 및 원리

세포는 생물의 기본 단위이고, 수많은 종류의 세포가 존재한다. 원핵세포에 속하는 세균 무리의 세포는 크기가 1~2㎛, 진핵세포에 속하는 원생생물, 곰팡이, 식물, 동물들의 세포는 대개 50~100㎛ 정도이다. 동물과 식물을 중심으로 진핵세포의 구조를 살펴보면, 중요한 세포소기관(organelles)으로 핵막의 안에 염색체, 인이 있고, 세포질에는 소포체, 골지체, 리보좀, 리소좀, 중심체, 미토콘드리아, 세포골격 등이 원형질막(세포막)에 싸여있다. 식물세포는 세포막의 바깥에 세포벽을 가지며, 색소체(엽록체, 유색체, 백색체), 액포 그리고 세포의 종류에 따라서 독특한 세포내 함유물(녹말립, 카로티노이드 입자, 무기물 결정체 등)을 가진다. 반면, 동물세포는 세포벽과 액포가 없고, 세포내 함유물로서 글리코겐 입자, 난황, 지방 및 단백질 입자가 세포의 종류에 따라 존재한다.

대부분의 세포소기관들은 너무 크기가 작아서 광학현미경으로는 볼 수 없다. 또, 대부분의 세포는 무색으로서 현미경으로 보면 투명하게 보이기 때문에, 보다 뚜렷하게 관찰을 할 수 있도록 염색을 한다. 동식물세포를 염색할 때는 주로 메틸렌블루(methylene blue)와 아세토카민(acetocarmine)을 사용하는데, 이들은 염기성 시약이므로 세포 내의 산성물질 특히 핵산이 퍼져있는 핵을 뚜렷이 염색시키므로 핵과 세포질을 분명하게 구분이 되도록 해준다.

실험기구 및 재료

현미경, 슬라이드 글라스, 커버 글라스, 핀셋, 면도날, 이쑤시개, 증류수, 메틸렌블루 용액, 아세토카민 용액, 여과지, 양파

실험 방법

1) 양파세포 관찰

(1) 양파를 잘라서 몇 개의 조각으로 만든다.
(2) 잘라진 양파 한 조각을 취하여 안쪽면의 표피층을 잘라낸다. 면도날을 이용하여 5×5mm 정도 되도록 칼집을 만들고 핀셋으로 벗겨낸다.
(3) 슬라이드 글라스 위에 놓고 증류수를 한 방울 놓고 커버 글라스를 덮은 후 검경한다. 이때 여분의 증류수는 여과지로 제거한다.
(4) 400배에서 관찰하고 그림을 그린다. 이때 그림을 그리는 세포의 위치를 잘 인지하여 염색 후의 상태와 비교할 수 있게 한다.
(5) 관찰과 그림이 끝나면, 커버 글라스를 열고, 여과지로 증류수를 제거한 다음, 메틸렌블루를 한 방울 양파세포 위에 떨어뜨린 다음 3분간 염색한다.
(6) 다시 커버 글라스를 덮고 여분의 염색액을 여과지로 제거한 후 400배에서 검경한다.
(7) 염색 전과 후의 차이점을 고찰해 본다.

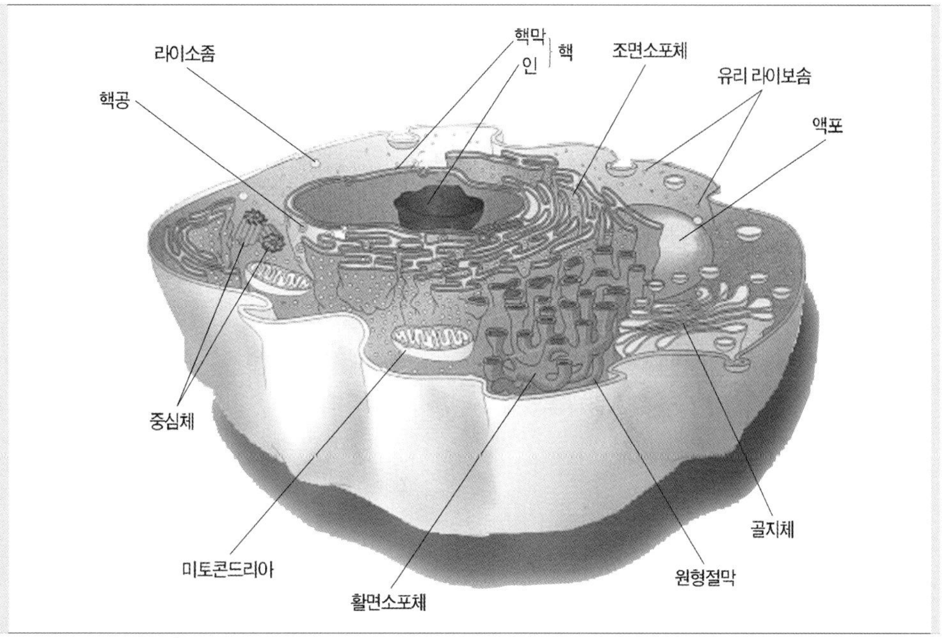

◎ 동물세포의 구조 ◎

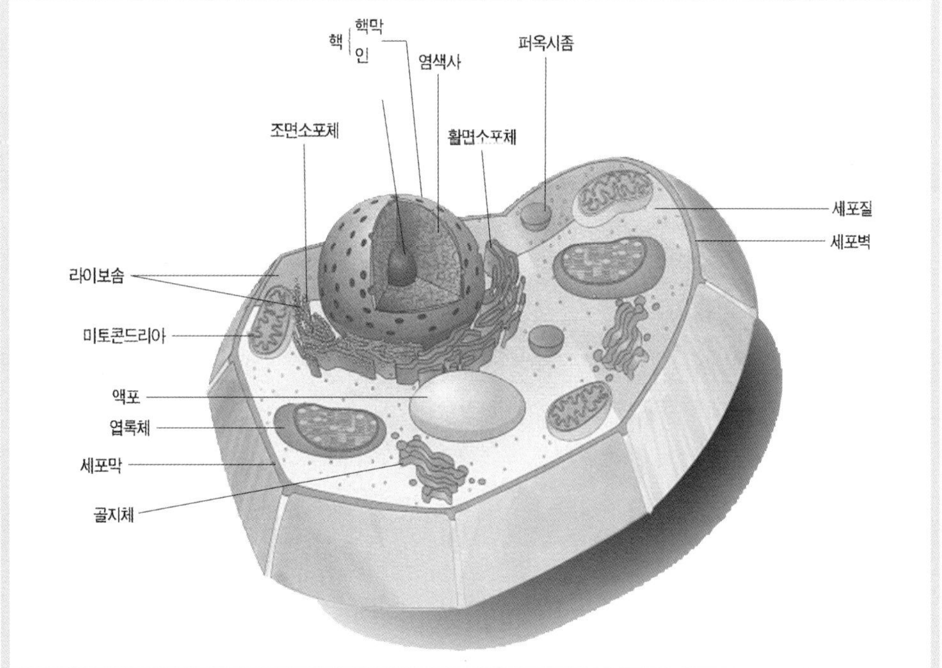

◎ 식물세포의 구조 ◎

2) 구강상피세포의 관찰

(1) 끝 부분이 무디게 만들어진 이쑤시개를 이용하여 구강의 안쪽 면을 2~3회 부드럽게 문지른다. 이때 육안으로 보아서 이쑤시개에 구강상피세포가 묻은 것이 보이지 않는다고 해서 구강 안쪽을 반복하여 문지르면 상처가 생길 수 있으므로 삼가야 한다. 세포는 육안으로 보이는 크기가 아님을 명심해야 한다.

(2) 이쑤시개에 묻은 구강상피세포를 슬라이드 글라스 위에 엷게 펴서 바른다.

(3) 증류수를 한 방울 떨어뜨린 후 커버 글라스를 덮은 후 검경한다. 이때 역시 여분의 증류수는 여과지로 제거한다.

(4) 400배에서 관찰하고 그림을 그린다. 이때 세포가 겹쳐지지 않고, 잘 흩어진 부분을 찾아서 전형적인 세포를 선택해야 한다.

(5) 관찰과 그림이 끝나면, 커버 글라스를 열고, 여과지로 증류수를 제거한 다음, 아세토카민을 한 방울 구강상피세포 위에 떨어뜨린 다음 3분간 염색한다.

(6) 다시 커버 글라스를 덮고 여분의 염색액을 여과지로 제거한 후 400배에서 검경한다.

(7) 염색 전과 후의 차이점을 고찰해 본다.

2 실험 세포의 관찰

일반 생물학 실험서

제출일 :

대 학		학 과	
학 번		성 명	

결과 및 관찰

1) 양파세포 관찰

(1) 400배로 관찰한 양파표피세포의 그림과 각부의 명칭.

2) 구강상피세포의 관찰

(1) 400배로 관찰한 구강상피세포의 그림과 각부의 명칭.

고찰

참고문헌

식물세포 관찰

실험목적

식물체를 구성하는 중요한 세포유형 3가지에 대하여 익히고 실습한다.

이론 및 원리

식물체를 구성하는 기본조직 내 중요 세포 유형인 유세포, 후각세포, 후벽세포에 대한 구조를 관찰하고 그 기능에 대하여 배운다.

유세포(parenchyma)

유세포는 유조직을 구성하고 식물체에서 가장 많은 부분을 차지한다. 다른 조직세포에 비하여 덜 분화된 세포이며 다른 세포로 쉽게 변할 수 있는 유연성을 지닌다. 이들의 대사작용은 활발하며 성숙했을 때에도 살아있는 세포이다. 광합성, 호흡, 저장, 단백질 합성 등 다양한 기능을 수행한다. 유세포의 세포벽은 일반적으로 얇고, 세포 내에는 살아있는 세포질이 들어 있다. 세포의 발달 초기에는 세포질 속에 작은 액포(vacuole)를 가지나, 성숙함에 따라서 세포가 확장되고 액포도 커진다. 목본식물의 유세포는 목질화 현상이 일어나서 식물체에 부가기능을 갖게 한다.

후각세포(collenchyma)

후각세포는 유세포로부터 형성되며, 비교적 간단한 기계조직인 후각조직을 이룬다. 후각세포는 모든 면에서 유세포와 비슷하나, 세포벽이 균일하지 않게 두꺼워지는 것이 큰 차이점이다. 유세포가 성장하여 다면체의 후각세포가 되는데 특히 세포 사이의 간격 또는 각이 진 곳에서만 세포벽이 두꺼워진다. 세포벽의 성분은 펙틴(pectin), 셀룰로스(cellulose), 헤미셀룰로스(hemicellulose)로 이루어지는데, 펙틴과 헤미셀룰로스 함량이 셀룰로스가 차지하는 양보다 많다. 후각세포의 세포벽은 탄력성과 융통성이 있다. 후각세포는 길이가 2mm까지 길게 신장되고, 성숙함에 따라서 더욱 목질화될 수 있다. 대부분의 쌍떡잎식물의 잎과 줄기의 주된 보호조직은 후각세포로 구성된다.

후벽세포(sclerenchyma)

후벽세포는 두꺼운 세포벽을 지닌 후벽조직으로 후각조직과 함께 식물체의 중요한 지지조직이다. 후벽세포는 유세포에서 유래된 것이나, 세포벽은 목질소가 축적된 2차벽으로 매우 두꺼워져서 세포 내 원형질 부분이 없어지거나 극히 일부만 남아 때로는 세포 중앙에 작은 원형의 공간으로 남게 된다. 후벽세포는 살아있는 후각세포와 달리 2차벽의 축적과 원형질의 퇴화로 세포 내 원형질이 소실된 죽은 세포로 목질화 현상이 뚜렷해지는 유형이다. 후벽조직은 목부, 사부, 줄기의 수나 피층의 유세포와 함께 엽육, 열매, 종자 등에 발달한다. 종자를 구성하는 세포들이 후벽조직층만으로 이루어지게 되면 종자는 매우 단단하게 된다. 후벽세포가 일부분 유조직 내에 분포하거나 여럿이 모여 후벽조직으로 나타나기도 한다. 때로는 엽맥(leaf vein)의 끝 부분, 잎의 엽저(leaf base), 엽연(leaf margin), 엽정(leaf apex), 중맥(mid-vein)에도 분포한다.

실험기구 및 재료

현미경, 슬라이드글라스, 커버글라스, 증류수, 식염수, 요오드용액, 핀셋, 면도칼, 여과지, 양파, 배, 샐러리

실험방법

[양파의 유세포]

1) 양파의 인편을 한 조각 벗긴 다음, 인편에서 표피를 조심스럽게 벗긴다.
2) 벗긴 표피조각을 5㎜×5㎜의 적당한 크기로 자른 후 핀셋으로 집어낸다.
3) 자른 표피조각을 잘 펴서 슬라이드글라스에 놓고 증류수를 한 방울 떨어뜨린 다음 커버글라스를 덮는다.
4) 현미경으로 관찰한다.
5) 요오드용액을 한 방울 떨어뜨리고 염색한다.
6) 식염수 한 방울을 커버글라스 측면에 떨어뜨린 후 흘러나오는 여분의 염색약을 여과지로 닦아낸다.
7) 약 2~3분간 방치한 후 저배율에서 관찰한 후 대물렌즈 ×40에서 스케치한다.

[샐러리의 후각세포]

1) 샐러리의 줄기를 최대한 얇게 횡으로 자른다.
2) 요오드 한 방울을 떨어뜨리고 2~3분간 염색한다.
3) 커버글라스를 살며시 덮고 여분의 액을 제거한다.
4) 저배율에서 고배율로 관찰한다.

[배의 석세포(후벽세포)]

1) 배의 껍질을 벗겨낸 후 껍질부분에 부착되어 있는 알갱이를 하나 떼어낸다(배에서 석세포 덩어리를 분리하는 과정이다).
2) 세포덩어리를 슬라이드글라스 위에 놓고 잘게 부순다.
3) 요오드 한 방울을 떨어뜨리고 2~3분간 염색한다.
4) 커버글라스를 덮고 여분의 액을 여과지로 제거한 후 관찰한다.
5) 저배율에서 고배율로 관찰한다.

3 실험 식물세포 관찰

일반 생물학 실험서

제출일 :

대 학		학 과	
학 번		성 명	

결과 및 관찰(이하 별지)

1) 관찰한 유세포를 스케치하고, 후각세포와 후벽세포와의 차이점을 비교하시오.

2) 관찰한 후각세포를 스케치하고, 유세포와 후벽세포와의 차이점을 비교하시오.

3) 관찰한 후벽세포를 스케치하고, 유세포와 후각세포와의 차이점을 비교하시오.

고찰

참고문헌

4 삼투작용과 원형질분리

목적

살아있는 생물의 세포막은 필요한 물질을 선택적으로 막 내외로 통과시킬 수 있다. 선택성투과막 혹은 반투성막이라고 하는 이 세포막의 특성은 생물이 생존하는 데 필요한 성질이다. 혈액과 양파표피세포를 이용하여 삼투작용에 의한 용혈작용과 원형질분리를 관찰한다.

배경

액체와 기체 분자는 언제나 운동을 하며, 모든 방향으로 운동을 한다. 이러한 운동으로 인하여 분자들은 보다 분자가 많은 곳에서 보다 분자가 적은 곳으로 퍼져 나가는 경향을 가진다. 이렇게 퍼져 나가는 것을 확산이라고 한다. 우리는 집안에서도 이러한 확산을 확인할 수 있다. 한 방에서 향수병을 열어 두었을 때, 곧 모든 다른 방에서도 향수 냄새를 맡을 수 있게 된다. 이는 향수 분자가 고농도로 존재하는 곳에서 보다 저농도로 존재하는 곳으로 확산이 되었기 때문이다. 삼투작용도 일종의 확산작용이다. 즉, 반투성막을 사이에 두고 어떤 물질이 고농도로 존재하는 곳에서 보다 저농도로 존재하는 곳으로 확산되는 것을 말한다. 동물세포의 경우 세포 밖의 용액의 농도가 보다 높으면, 물분자가 세포 밖으로 빠져나가 세포의 크기가 줄어든다. 반대로 세포 밖의 용액의 농도가 낮으면 물이 세포 안으로 들어와서 세포가 팽창하다가 결국 터져버린다. 이것을 용혈현상이라 한다. 식물세포의 경우는 조금 양상이 다른데, 이유는 세포막을 둘러싸는 견고한 세포벽 때문이다. 세포벽은 전투성이므로 모든 물질이 이를 통과하는데 방해를 받지 않는다. 식물세포에 견고성만 제공한다. 따라서 식물세포 밖의 용액의 농도가 낮으면 물이 세포 안으로 들어와서 세포의 용적이 커지게 되고, 팽창하는 힘으로 세포벽을 밀게 되어 세포벽을 미는 힘 즉 팽압이 커지게 된다. 반대로 식물세포 밖의 용액의 농도가 보다 높으면, 물분자가 세포 밖으로 빠져나가 세포의 크기 즉 용적이 줄어들게 되는데, 이때 세포벽은 모양을 그대로 유지하므로 세포막과 분리되는 모양을 보여주게 된다. 이 상태를 원형질 분리라 한다.

실험기구 및 재료

현미경, 슬라이드 글라스, 커버 글라스, 핀셋, 면도날, 증류수, 양파, lancet, 소독면, 70% 에탄올, 소금물(0.5%, 1.0%, 1.5%, 2.5%, 3.0%, 10%)

실험방법

1. 적혈구의 용혈현상

① 70%의 에탄올을 소독면에 적셔서 손가락 끝을 충분히 소독한 후 lancet으로 혈액을 채취한다.

② 2개의 슬라이드 글라스에 혈액을 각 2방울씩 떨어뜨리고, 등량의 증류수, 0.5%, 1.5%, 2.5% 소금물을 섞어서 현미경으로 관찰한다.

2. 양파표피세포의 원형질 분리

① 양파 조각의 안쪽 면 표피층을 면도날을 이용하여 5×5mm 크기의 조각을 4개 만든다.

② 4개의 슬라이드 글라스 위에 각 1조각씩 놓고, 각각 증류수, 1%, 3%, 10% 소금물을 한 방울씩 떨어뜨린 다음, 10분 간 정치 후 현미경으로 관찰한다.

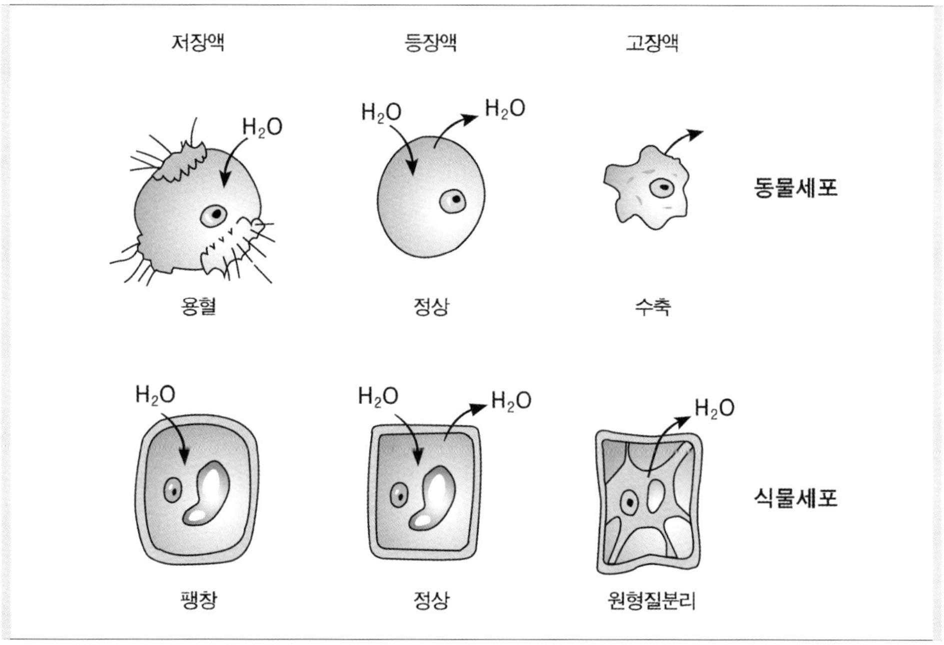

동식물세포의 저장액, 등장액 고장액에서의 삼투작용

4 실험

삼투작용과 원형질분리

일반 생물학 실험서

제출일 :

대 학		학 과	
학 번		성 명	

실험결과 및 관찰

1. 적혈구의 용혈현상

① 용액의 농도별로 적혈구의 상태를 기술하고 각 농도의 용액 중에서 등장액, 저장액, 고장액을 찾아보시오.

2. 양파표피세포의 원형질 분리

① 증류수, 1%, 3%, 10% 소금물을 넣었을 때 양파표피세포의 상태를 400배로 그리고 하단에 등장액, 저장액, 고장액을 표시하시오.

고찰

참고문헌

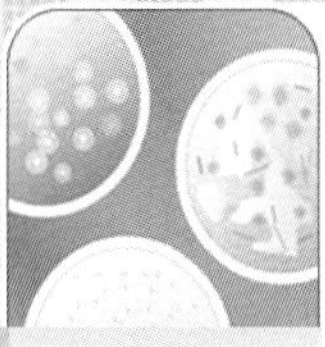

물질의 검정

1) 탄수화물의 검정

(1) 환원당의 검정

목적

베네딕트 시약에 의한 정색반응을 통해 환원당을 검정한다.

이론 및 원리

탄소, 수소, 산소가 1:2:1의 비율로 구성된 탄수화물은 생물의 에너지원으로서 중요한 역할을 한다. 탄수화물은 단당류(monosaccharide), 이당류(disaccharide), 다당류(polysaccharide)로 분류된다. 단당류는 분자내에 하나의 알데히드 또는 케톤기를 가지며 탄소 수에 따라 6탄당(hexose), 5탄당(pentose) 등으로 분류된다. 6탄당에는 포도당(glucose)과 과당(fructose) 등이 있으며, 5탄당에는 DNA의 성분인 데옥시리보오스(deoxyribose)와 RNA의 성분인 리보오스(ribose)가 있다. 이당류는 단당류 2분자가 배당결합(glycosidic bond)으로 결합된 것으로 설탕(sucrose), 말토오스(maltose), 젖당(lactose) 등이 있다. 다당류는 단당류가 여러 분자 결합된 것으로 셀룰로오스, 글리코겐, 전분 등이 있다.

알데히드(-CHO) 또는 케톤(-C=O)기를 가지고 있는 환원당은 알칼리 용액에서 구리, 은, 시안화철 이온들을 환원시켜 여러 가지 색깔의 침전물을 생성한다. 이 성질을 이용하여 환원당을 검정한다.

$$CuSO_4 + 2NaOH \rightarrow Na_2SO_4 + 2Cu(OH)_2$$

$$\text{환원당} + 2Cu(OH)_2 \rightarrow Cu_2O + H_2O + \text{산화된 당}$$

베네딕트 시약에 포함되어 있는 황산동($CuSO_4$)은 알칼리와 반응하여 $Cu(OH)_2$로 되고, 이것이 환원당에 의하여 환원되면 적갈색의 산화동(CuO_2)으로 변한다.

실험기구 및 재료

포도당, 갈락토오스, 만노오스, 전분, 설탕, 알부민, 베네딕트 시약, 시험관, 알코올 램프, 시험관대

베네딕트 시약의 제조

1) 구연산나트륨(sodium citrate) 173g과 탄산나트륨(sodium carbonate) 100g을 증류수 800ml에 천천히 가열하면서 녹인 다음 냉각시킨다. 이때 침전이 생겼으면 여과를 한다.
2) 황산동 17.3g을 증류수 100ml에 녹여 위의 용액과 서서히 혼합한 후, 증류수를 가하여 전체 용액이 1L가 되도록 한다.

실험 방법

1) 6개의 시험관에 베네딕트 시약 5ml를 넣고, 검사하고자 하는 포도당, 갈락토오스, 만노오스, 전분, 설탕, 알부민 용액을 각각 7~8방울씩 떨어뜨린다.
2) 알코올 램프로 2분간 가열 한 후 실온에서 방치하여 냉각시킨다.

5-1-1 실험 물질-탄수화물-환원당의 검정

일반 생물학 실험서

제출일 :

대 학		학 과	
학 번		성 명	

결과 및 관찰

1) 포도당, 갈락토오스, 만노오스, 전분, 설탕, 알부민에 대한 침전물의 생성 여부를 +와 -로 표시하고 이들의 색깔과 양을 적으시오.

2) 6개 중에서 환원당이 아닌 물질은 무엇인가.

3) 설탕이 음성 반응을 나타내는 이유를 설명하시오.

고찰

참고문헌

(2) 전분의 가수분해

목적

요오드반응을 통해 전분의 가수분해를 검정한다.

이론 및 원리

다당류인 전분은 식물세포에서 만들어지는 포도당이 많이 결합된 물질로서, 아밀로오스(amylose)와 아밀로펙틴(amylopectin)의 두 가지 형태로 존재한다. 아밀로오스는 포도당이(1→4) 결합으로, 아밀로펙틴은 (1→4) 결합에 연결된 포도당 사슬에 (1→6) 결합으로 가지를 친 구조를 하고 있다. 전분을 가수분해하면 (1→4)와 (1→6) 결합이 끊어져 단당류가 된다.

실험기구 및 재료

요오드 용액, 전분용액, 염산, 수산화나트륨, 비이커, 사기접시

실험 방법

1) 끓어서 만든 1% 전분용액 20ml를 비이커에 넣고, 진한 염산 10~12방울을 가하여 가열한다.
2) 3분 간격으로 위의 용액 1방울씩을 사기접시에 놓고 수산화나트륨(NaOH) 1방울을 떨어뜨린 다음 요오드반응을 관찰한다.

5-1-2 실험 물질-탄수화물-전분의 가수분해

일반 생물학 실험서

제출일 :

대 학		학 과	
학 번		성 명	

결과 및 관찰

1) 녹말의 가수분해 실험에서 시간 경과에 따른 요오드반응의 결과를 표로 만든 다음 양성반응은 +로, 음성반응은 -로 표시하시오.

2) 전분의 가수분해 실험결과에서 어떤 결론을 얻을 수 있는가.

고찰

참고문헌

2) 단백질의 검정(뷰렛반응)

목적

단백질은 특정한 시약과 반응하여 정색반응을 하므로 이 방법을 단백질의 검정에 많이 사용한다. 단백질의 검정에 사용되는 방법에는 뷰렛반응(biuret reaction), 닌히드린반응(ninhydrine reaction) 등이 있다. 닌히드린반응은 아미노기를 가진 단백질의 검정에 사용되는 방법이다. 이 중 뷰렛반응으로서 단백질을 검정한다.

이론 및 원리

단백질은 한 아미노산의 카르복실기(-COOH)와 인접한 다른 한 아미노산의 아미노기($-NH_2$)사이의 펩티드결합(peptide bond)으로 연결된 폴리펩티드(polypeptide)이다. 아미노산은 R기의 종류에 따라 20종이 있으며, 이중 글리신을 제외한 나머지는 D형과 L형이 있다.

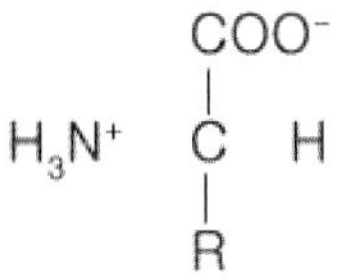

아미노산

구리 이온(Cu^{2+})은 알칼리용액에서 단백질의 펩타이드 결합에 존재하는 2개 이상의 카바밀기(carbamyl group, $-CONH_2$)와 반응하여 자색으로 나타나며, 옥사미드(oxamide)와 뷰렛도 같은 반응을 한다. 이런 성질을 이용하여 검정하는 방법이 뷰렛반응이다.

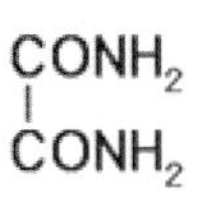

옥사미드

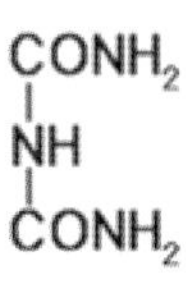

뷰렛

실험기구 및 재료

시험관, 시험관대, 피펫, NaOH, $CuSO_4$, 알부민 용액, 설탕용액, 글리신 용액, 전분 용액, 증류수

실험 방법

1) 5개의 시험관에 0.2% 알부민 용액, 0.2% 설탕 용액, 0.2% 글리신 용액, 0.2% 전분 용액 및 증류수를 각각 2ml씩 넣은 다음 10% NaOH 용액을 2ml씩 각 시험관에 넣는다.
2) 각 시험관에 0.5% $CuSO_4$ 용액을 1~3방울을 떨어뜨린 후 잘 섞어준다.
3) 20분 안에 반응이 나타나며 약 1시간 정도 이 상태가 유지된다.

5-2 실험 물질-단백질의 검정

일반 생물학 실험서

제출일 :

대 학		학 과	
학 번		성 명	

결과 및 관찰

1) 각 용액에 대한 반응 결과 나타난 색깔을 적으시오.

2) 5개의 물질 중 단백질은 어떤 것인가.

고찰

참고문헌

3) 당단백질의 검정

목적

사람의 ABO 혈액형을 이용한 적혈구 응집 여부를 통해 아주까리 종자로부터 분리한 당단백질인 렉틴(lectin)을 검정한다.

이론 및 원리

당단백질(glycoprotein)은 아미노산으로 구성된 단백질에 탄수화물이 결합된 물질로서, 당단백질은 진핵생물의 세포막에서 중요한 기능을 할 뿐만 아니라 면역반응에 관여한다. 항체가 항원분자를 인식하고 결합하는 부분인 탄수화물이 항원 결정인자(antigenic determinant)로서 중요한 역할을 한다. 사람의 ABO 혈액의 적혈구의 표면에 존재하는 당단백질의 탄수화물 부분이 이 역할을 한다.

렉틴은 자연계에 널리 분포하는 물질로서 식물에서는 종자나 열매에 많이 존재한다. 렉틴은 당과 결합할 뿐만 아니라 적혈구 세포를 응집시키고 당 화합물을 침전시킨다. 따라서 렉틴은 다당류나 당단백질의 분리에 이용되기도 하고, 혈액형 검사 및 면역학적 연구 등에 이용된다.

실험기구 및 재료

아주까리 종자, 막자사발, 비이커, 원심분리기, 마이크로프래이트(microplate), neutral saline 용액, 트립신, 사람의 ABO 혈액

실험 방법

1) 막자사발에 아주까리 종자와 neutral saline 용액을 넣고 마쇄한 다음, 원심분리를 하여 상등액을 실험에 사용한다. 상등액에는 렉틴이 들어있다.
2) 마이크로프레이트의 홈(well)에 neutral saline 용액 25㎕와 아주까리 종자에서 분리한 렉틴 용액 25㎕를 넣은 다음, 트립신(trypsin)을 처리한 사람의 ABO 혈액 25㎕를 각각 가한다.
3) 30℃에서 10분간 반응시킨 후, 응집 여부를 유관으로 확인하고 최종적으로 현미경으로 확인한다.

5-3 실험 물질-당단백질의 검정

일반 생물학 실험서

제출일 :

대 학		학 과	
학 번		성 명	

결과 및 관찰

1) 사람의 각 혈액형에 대해 응집된 상태의 마이크로프래이트를 사진으로 찍어 붙이시오.

2) 사람의 ABO 혈액형에 대한 응집여부를 적으시오.

3) 응집반응의 원리를 설명하시오.

고찰

참고문헌

4) 지방의 검정(지방의 가수 분해)

목적

비누화(saponification) 과정에 의한 중성지방의 가수분해를 통해 지방을 검정한다.

이론 및 원리

지질은 비극성의 성질로 인해 물에는 잘 녹지 않으나 유기용매에는 쉽게 용해된다. 지질에는 중성지방(neutral fat), 인지질(phospholipid), 왁스(wax), 당지질(glycolipid), 스핑고지질(sphingolipid), 스테로이드(steroid) 등이 있다. 이 중 중성지방은 지방산(fatty acid) 3분자와 글리세롤(glycerol) 1분자로 구성되어 있다. 지방산은 포화 지방산과 불포화 지방산으로 구별된다.

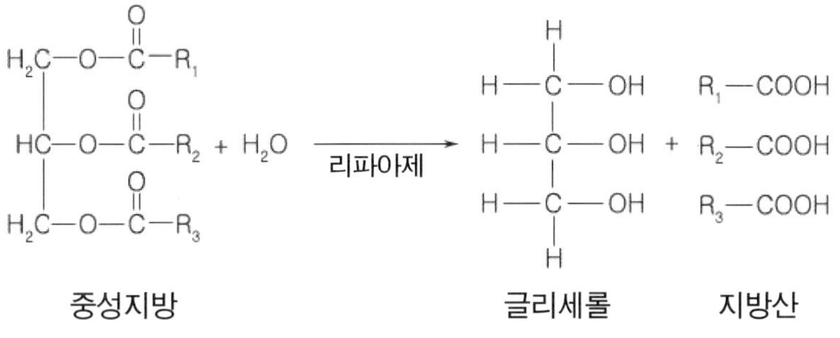

중성지방을 알카리성의 NaOH나 KOH로 가수분해하면 지방산의 나트륨 이온(Na^+) 또는 칼륨 이온(K^+), 즉 비누와 글리세롤의 혼합물이 만들어지는데, 이를 비누화라 한다.

실험기구 및 재료

버터, NaOH, KOH, HCl, 증류수, 알코올 램프, 시험관, 피펫

실험 방법

1) 비이커에 버터 1g과 10% KOH 용액 5ml를 넣고 2분간 끓인다.
2) 증류수 15ml를 넣은 다음 5분간 더 끓인 후 식힌다.
3) HCl을 몇 방울 떨어뜨려 산성이 되도록 한다. 지방산은 유리되어 투명한 층이 형성된다.
4) 지방산을 분리하여 시험관에 넣은 다음 증류수 5ml를 넣어 끓이면서 0.1 N NaOH 용액을 조금씩 가하여 지방산을 완전하게 녹인다.

5-4 실험 물질-지방의 검정

일반 생물학 실험서

제출일 :

대 학		학 과	
학 번		성 명	

결과 및 관찰

1) 버터와 KOH 용액을 넣고 왜 끓이는가.

2) 비누화된 용액에 HCl을 넣는 이유는 무엇인가?

고찰

참고문헌

효소의 활성

목적

전분의 가수분해 효소인 아밀라아제의 활성에 미지는 온노, pH 빛 효소 농도의 영향을 측정한다.

이론 및 원리

효소(enzyme)는 생체 내에서 일어나는 대사과정에 관여하는 촉매제(catalyst)로서, 활성화 에너지(activation energy)를 낮춤으로서 반응을 빨리 진행하게 한다. 효소에 의한 촉매반응은 비촉매 반응에 비해 최대 10^{20}배까지 반응 속도를 증가시킨다.

효소는 기질(substrate)의 활성부위(active site)에 결합하여 효소-기질 복합체(enzyme-substrate complex)를 형성한 다음 기질을 생성물(product)로 전환시킨다.

$$E + S \rightleftarrows ES \rightarrow E + S$$

국제 생화학회(International Union of Biochemistry)에서 효소 촉매 반응의 유형에 따른 국제 분류법에 의해 산화환원효소(oxidoreductase), 전이효소(transferase), 가수분해효소(hydrolase), 리아제(lyase), 이성질화효소(isomerase), 리가제(ligase)로 대별한다. 각각의 효소는 4개의 숫자로 된 분류번호인 E. C 번호(enzyme commission number)로 표시한다. 예를 들면, 해당과정의 1단계를 촉매하는 효소인 헥소키나아제(hexokinase)의 E.

C 번호는 2.7.1.1로서, 2는 전이효소를 나타낸다.

$$\text{glucose + ATP} \rightarrow \text{glucose 6-phosphate + ADP}$$

많은 효소들은 비단백질 성분인 보조인자(cofactor)를 필요로 한다. 보조인자에는 아연(Zn)이나 망간(Mg)과 같은 무기이온과 비타민을 주성분으로 하는 조효소(coenzyme)가 있다. 효소의 단백질 부분을 아포효소(apoenzyme)라 하며, 보조인자가 결합된 효소를 완전효소(holoenzyme)라 한다.

효소는 단백질로 되어 있기 때문에 온도, pH, 효소 농도 등에 의해 영향을 받는다. 온도는 기질의 운동에너지에 관여함으로서 반응 속도에 영향을 미치는데, 이 반응 속도는 온도의 증가에 따라 같이 증가하지만 도리어 높은 온도에서는 변성되어 촉매 활성을 잃게 된다. 일반적으로 온도가 10℃ 상승하면 반응속도는 2배로 증가한다. pH는 효소의 3차원 구조에 영향을 미쳐 효소 활성에 영향을 미친다. 대부분의 효소는 좁은 pH 범위 내에서 활성을 나타내는데, 펩신(pepsin)의 최적 pH는 2이며, 키모트립신(chymotrypsin)의 최적 pH는 8이다. 이와 같이 효소에 따라 최적 온도(optimum temperature)와 pH(optimum pH)를 가지고 있다.

1) 온도의 영향

실험기구 및 재료

전분, 맥아, α-아밀라아제, NaOH, KH_2PO_4, $CaCl_2 \cdot 2H_2O$, HCl, KI, KIO_3, 증류수, 비이커, 시험관, 피펫, 막자사발, 스펙트로포토메터(spetrophotometer)

(1) 전분 용액

전분 1g에 증류수 100ml를 넣은 다음 끓여 만든 1%의 전분 용액 중에서 50ml를 NaOH로 pH 6으로 맞춘 후 0.05 M KH_2PO_4용액을 가하여 100ml가 되게 한다.

(2) α-아밀라아제 용액

시약 α-아밀라아제 0.2g과 $CaCl_2 \cdot 2H_2O$ 2.5g을 1L의 증류수에 용해시킨다. 또는 50개 정도의 맥아를 막자사발에서 약간의 모래와 함께 갈은 다음 전체량의 4배 정도의 증류수를 넣어 약 2시간 동안 둔 후 여과지로 여과시킨다.

(3) KI-KIO_3 용액

KI 5g, KIO_3 0.357g 및 1 N NaOH 2ml를 증류수 1L에 용해시킨다.

실험 방법

1) 1L 비이커에 각각 10°, 30° 및 50℃의 증류수를 채운다.
2) 3개의 시험관에 각각 아밀라아제 용액 5ml를 넣고 이들을 서로 다른 온도의 증류수가 들어 있는 비이커에 담가 놓는다.
3) 3개의 또 다른 시험관 속에 각각 전분 용액 5ml를 넣고 이들을 서로 다른 온도의 증류수가 들어 있는 비이커에 담가 놓는다.
4) 아밀라아제 용액과 전분 용액이 들어있는 6개 시험관 내의 온도가 비이커의 온도에 도달되도록 각각 10°, 30° 및 50℃의 온도를 유지한다.
5) 전분 용액을 아밀라아제 용액이 든 시험관에 넣어 섞어 준 후, 각각의 온도의 비이커에 다시 넣는다.
6) 0.05 N HCl을 가하여 효소 반응을 정지시키고, KI-KIO_3 용액을 가한 다음 2~3분 후, 스펙트로포토메터를 사용하여 660nm에서 흡광도를 측정한다.

6-1 실험 효소의 활성-온도의 영향

일반 생물학 실험서

제출일 :

대 학		학 과	
학 번		성 명	

결과 및 관찰

1) 아밀라아제의 활성과 온도의 관계를 그래프로 나타내시오.

2) 전분이 가장 빨리 가수분해되는 온도는 몇 분인가?

: 고찰

참고문헌

2) pH의 영향

실험기구 및 재료

전분, α-아밀라아제, NaOH, KH_2PO_4, K_2HPO_4, $CaCl_2 \cdot 2H_2O$, HCl, KI, KIO_3, glycine, acetic acid, sodium acetate, tris-aminomethane, sodium carbonate, sodium bicarbonate, 증류수, 시험관, 피펫, 막자사발, 스펙트로포토메터(spetrophotometer)

(1) 완충용액

Glycine-HCl buffer (pH 2), acetic-sodium acetate buffer (pH 4), phosphate buffer (pH 6, 7), tris buffer (pH 8, 9), sodium carbonate-bicarbonate buffer (pH 10)

실험 방법

1) 7개의 시험관에 각각 다른 완충용액 10ml를 넣는다.
2) 0.1% 전분 용액 5ml와 아밀라아제 용액 1ml를 각각의 시험관에 넣는다.
3) 8분이 지난 후 2)에서 1ml씩 꺼내어 0.05N HCl 10ml가 든 시험관에 넣는다.
4) 0.05 N HCl을 가하여 효소 반응을 정지시키고, KI-KIO_3 용액 1ml를 가하고 혼합시켜 2~3분 지난 후 스펙트로포토메터를 사용하여 660nm에서 흡광도를 측정한다.

6-2 실험 효소의 활성-pH의 영향

일반 생물학 실험서

제출일 :

대 학		학 과	
학 번		성 명	

결과 및 관찰

1) 아밀라아제의 활성과 pH와의 관계를 그래프로 나타내시오.

2) 아밀라아제의 최적 pH는 얼마인가?

고찰

참고문헌

3) 효소 농도의 영향

실험기구 및 재료

전분, α-아밀라아제, NaOH, KH_2PO_4, $CaCl_2 \cdot 2H_2O$, HCl, KI, KIO_3, 증류수, 시험관, 피펫, 막자사발, 스펙트로포토메터(spetrophotometer)

실험 방법

1) 아밀라아제 원액(stock solution), 1/2, 1/4, 1/8로 희석한 아밀라아제 2ml가 들어있는 각각의 시험관에 2ml의 전분 용액을 넣은 다음 흔들어 섞어 준다.
2) 전분용액을 넣은 시간을 0으로 하여 1분, 2분, 4분, 6분, 8분 및 10분 때에 1)의 시험관에서 0.2ml를 꺼내 다른 시험관으로 옮긴다.
3) 0.05N HCl 용액 0.4ml를 각 시험관에 가하여 효소 반응을 정지시킨다.
4) 아밀라아제 농도와 시간에 따른 시험관들에 KI-KIO_3 용액 0.2ml를 첨가하여 잘 혼합한다.
5) 3분 후 스펙트로포토메터를 사용하여 660nm에서 흡광도를 측정한다.

6-3 실험 효소의 활성-효소 농도의 영향

일반 생물학 실험서

제출일 :

대 학		학 과	
학 번		성 명	

결과 및 관찰

1) 아밀라아제의 농도와 가수분해 시간과의 관계를 표로 나타내시오.

2) 실험 결과를 해석하시오.

고찰

참고문헌

효소의 검출

목적

산화효소(oxidase), 탈수소효소(dehydrogenase) 과산화효소(peroxidase) 및 카탈라아제(catalase)와 같은 호흡효소의 존재를 확인한다.

이론 및 원리

산화효소, 탈수소효소 및 과산화효소는 한 물질 분자에서 다른 물질 분자로 수소를 전달하는 반응을 촉매하는 산화환원효소의 일종으로서, 아래와 같은 반응식으로 나타낼 수 있다.

$$AH_2 + B \rightarrow A + BH_2$$

AH_2와 BH_2는 수소 공여체(hydrogen donor)이고, B와 A는 수소 수용체(hydrogen acceptor)이다.

산화효소의 일종인 카테콜 산화효소(catechol oxidase)는 감자 등에 많이 들어 있는 효소로서, 카테콜(catechol)을 산화시켜 벤조퀴논(benzoquinone)을 생성하는 반응을 촉매한다.

$$\text{catechol} + 1/2O_2 \rightarrow \text{benzoquinone} + H_2O$$

과산화효소의 일종인 글루타티온 과산화효소(glutathione peroxidase)는 산화형(oxidase form)의 글루타티온(GSH)을 환원형의 글루타티온(GSSG)으로 전환시키는 반응을 촉매한다.

$$2GSH + H_2O_2 \rightarrow GSSG + H_2O + H_2 + 1/2O_2$$

산화효소와 과산화효소는 산소를 전자수용체로 사용하는 효소이다.
탈수소효소는 해당과정과 구연산회로 및 발효과정에서 많이 볼 수 있는 효소로서, 글리세르 알데히드 인산 탈수소효소(glyceraldehyde phosphate dehydrogenase), 피루브산 탈수소효소(pyruvate dehydrogenase), 숙신산 탈수소효소(succinate dehydrogenase), 말산 탈수소효소(malate dehydrogenase), 젖산 탈수소효소(lactate dehydrogenase) 및 알코올 탈수소효소(alcohol dehydrogenase) 등이 있다. 이 효소들은 공통적으로 조효소로서 NAD (nicotinamide adenine dinucleotide) 또는 FAD(flavin adenine dinucleotide)를 가지고 있다.

$$\text{glyceraldehyde 3-phosphate} + NAD^+ \rightarrow \text{1,3-bisphosphoglycerate} + NADH + H^+$$

$$\text{succinate} + FAD \rightarrow \text{fumarate} + FADH_2$$

생체 내의 대사과정에서 생성된 과산화수소는 카탈라아제에 의해 물과 산소로 분해된다.

$$2H_2O_2 \rightarrow 2H_2O + O_2$$

1) 산화효소

실험기구 및 재료

감자, 시험관, 증류수, 카테콜, 볼텍스 믹서(vortex mixer), 워터 베스 (water bath)

실험 방법

1) 감자를 간다.
2) 3개의 시험관에 밑에서부터 1cm와 2cm 되는 지점에 펜으로 선을 긋는다.
3) 개개의 시험관에 아래의 물질을 각각 1cm가 되게 채워서 2cm가 되게 한다.
   (1) 갈은 감자 + 1% 카테콜 용액
   (2) 갈은 감자 + 증류수
   (3) 1% 카테콜 용액 + 증류수
   ※ 얼음에 놓고 작업한다.
4) 볼텍스를 이용하여 시험관의 내용물을 잘 섞어 준다.
5) 40℃의 워터베스에서 10분간 두었다가 꺼낸다. 이때 카테콜은 완전히 산화된다.

7-1 실험 효소의 검출-산화효소

일반 생물학 실험서

제출일 :

대 학		학 과	
학 번		성 명	

결과 및 관찰

1) 0시간에서의 3개 시험관의 색깔은 어떻게 되는가.

2) 40℃에서 10분간 두었다가 꺼낸 직후의 3개 시험관의 색깔은 어떻게 되는가.

3) 실험 결과로부터 무엇을 알 수 있는가.

고찰

참고문헌

2) 과산화효소

실험기구 및 재료

감자, 페트리접시, 과이어쿰 검(gum guaiacum), 과산화수소(H_2O_2)

실험 방법

1) 감자의 싹눈이 있는 부분을 얇게 썰어 이를 페트리접시에 놓는다.
2) 감자가 잠기도록 과이어쿰 검(gum guaiacum)의 2% 알코올용액을 가득 넣는다.
3) 15분 후에 감자 조각을 꺼내어 증류수로 세척하여 묻어 있는 과이어쿰 검 용액을 제거한다.
4) 다른 페트리접시에 감자 조각을 넣고 과산화수소 용액(30 : 1)을 넣는다.

7-2 실험 효소의 검출-과산화효소

일반 생물학 실험서

제출일 :

대 학		학 과	
학 번		성 명	

결과 및 관찰

1) 실험 결과로부터 무엇을 알 수 있는가.

2) 청색은 무엇을 의미하는가.

고찰

참고문헌

3) 탈수소효소

실험기구 및 재료

감자, 페트리접시, 트리페닐테트라졸륨 클로라이드(2,3,5-triphenyltetrazolium chloride)

실험 방법

1) 감자 조각이 들어있는 페트리접시에 0.5% 트리페닐테트라졸륨 클로라이드 용액을 넣어 감자 조각이 완전히 잠기게 한다.
2) 10분 후 감자 조각의 색깔을 확인한다.

7-3 실험 효소의 검출－탈수소효소

일반 생물학 실험서

제출일 :

대 학		학 과	
학 번		성 명	

결과 및 관찰

1) 적색은 무엇을 의미하는가.

2) 실험 결과로부터 무엇을 알 수 있는가.

고찰

참고문헌

4) 카탈라아제

실험기구 및 재료

감자, 페트리접시, 과산화수소

실험 방법

1) 감자 조각이 들어있는 페트리접시에 과산화수소 용액(30 : 1)을 넣어 감자 조각이 완전히 잠기게 한다.
2) 공기 방울의 발생 여부를 관찰한다.

7-4 실험 효소의 검출–카탈라아제

일반 생물학 실험서

제출일 :

대 학		학 과	
학 번		성 명	

결과 및 관찰

1) 공기 방울에는 무엇이 들어 있는가.

2) 실험 결과로부터 무엇을 알 수 있는가.

고찰

참고문헌

광합성 색소의 분리

목적

시금치 잎으로부터 엽록소 a(chlorophyll a), 엽독소 b(chlorophyll b), 카로티노이드(carotenoid) 계통의 카로틴(carotene)과 크산토필(xanthophyll) 등의 광합성 색소를 추출하고, 종이 크로마토그래피(paper chromatography)로 4종의 색소를 분리하여 이들의 존재를 확인한다.

이론 및 원리

식물의 광합성은 이산화탄소(CO_2)와 물(H_2O)로부터 빛에 의해 포도당이 생성되는 과정으로, 명반응과 암반응으로 나눌 수 있다. 명반응은 빛에 의해 물이 분해되어 산소(O_2)가 만들어지는 광분해(photolysis) 과정으로 암반응에 필요한 ATP와 NADPH를 생성한다. 암반응은 rubisco(ribulose 1.5-bisphosphate carboxylase/oxygenase)를 포함하는 많은 효소가 관여하여 이산화탄소 고정(CO_2 fixation), 환원(reduction), 재생성(regeneration)의 3단계로 진행되는 과정이다.

$$6CO_2 + 6H_2O \rightarrow C_6H_{12}O_6 + 6O_2$$

광합성에 이용되는 빛은 가시광선 영역으로 약 700nm의 적색광과 약 400nm의 청색광이다. 빛을 흡수하는 물질을 색소(pigment)라 하는데, 엽록소 a, 엽록소 b, 카로틴과 크산토필이 있다. 엽록소는 적색과 청색 부분의 광선을 가장 잘 흡수하는데, 이는 광합성에 가장 효과적인 파장(wavelength)과

일치한다.

종이 크로마토그라피를 하면, 아래 그림과 같이 엽록소 b가 가장 먼저 분리되고, 엽록소 a, 크산토필, 카로틴의 순서로 분리된다.

1) 광합성 색소의 추출과 흡수스펙트럼 측정

실험기구 및 재료

시금치, 분액깔때기(separatory funnel), 삼각플라스크, 교반기, 칼슘 카보네이트($CaCO_3$), 아세톤(acetone), 메탄올(methanol), 에틸에테르(ethyl ether), KOH, 스펙트로포토메터(spetrophotometer)

실험 방법

1) 비이커에 잘게 썰은 신선한 시금치 잎 10g과 칼슘 카보네이트가 함유된 80% 아세톤 60ml를 넣는다.
2) 진한 녹색이 될 때까지 교반한 다음 여과하여 시금치 아세톤 추출액을 얻는다.
3) 분액 깔때기에 시금치 아세톤 추출액과 석유에테르 60ml를 넣고 가한 후, 이를 돌리면서 혼합한다.
4) 이 혼합액에 증류수 70ml를 천천히 가하면서 약하게 흔든 후, 두 층으로 분리되도록 놔둔다.
5) 분액 깔때기의 밸브를 천천히 열어 두 층 중 아세톤과 증류수가 들어있는 아래층 용액은 버린다.
6) 남아있는 식물색소가 들어있는 석유 에테르 층에 증류수 50ml를 가하고 천천히 흔든 후 놔둔다.
7) 두 층으로 분리되면 아래의 증류수 층은 버린다. 이와 같은 방법으로 세 번 반복하면서 증류수 층은 버린다.
8) 색소가 들어있는 석유에테르 용액에 92% 메탄올 40ml를 가하여 천천히 흔든 후 놔둔다.

9) 아래의 메탄올 층과 위의 석유에테르 층으로 분리되면 이들을 각각 삼각플라스크에 나누어 보관한다.
10) 분액 깔때기에 메탄올 층 용액 50ml를 넣은 다음 에틸에테르 50ml를 가하고 천천히 흔든다.
11) 1회에 증류수 5ml를 가하면서 5회에 걸쳐 두 층으로 완전히 분리될 때까지 이 과정을 계속한다.
12) 위의 에테르 층에는 색소가 들어 있으므로 아래의 에탄올 층은 버린다.
13) 한 삼각플라스크에 9)의 석유에테르 층 용액 30ml를 넣고, 다른 삼각플라스크에는 12)의 에테르 층 용액 30ml를 넣은 후, 이 2개의 삼각플라스크에 30% KOH-메탄올 용액 15ml를 각각 넣고 각각 잘 흔들어 주면서 색깔의 변화를 10분간 관찰한다.
14) 증류수 30ml를 각각의 삼각플라스크에 가하고 흔들어서 두 층으로 분리되도록 놔둔다.

8-1 실험 광합성 색소의 분리-광합성 색소의 추출과 흡수스펙트럼 측정

일반 생물학 실험서

제출일 :

대 학		학 과	
학 번		성 명	

결과 및 관찰

1) 색소의 분리과정을 도표로 그리시오.

2) 메탄올 층과 석유에테르 층에는 어떤 색소가 들어 있는가.

3) 가시광선 파장에서 이들의 흡광도를 측정하여 그림으로 나타내시오.

고찰

참고문헌

2) 종이 크로마토그라피에 의한 광합성 색소 분리

실험기구 및 재료

시금치 잎, 막자사발, 크로마토그래피용 여과지, 크로마토그래피용 시험관, 아세톤, 석유에테르(petroleum ether), 석영사(quartz sand)

실험 방법

1) 신선한 시금치 잎 1g을 끓는 물속에 넣어 살짝 데쳐 세포를 죽인 후 잎을 건져내어 물을 닦아낸다.
2) 이를 약간의 석영사가 들어있는 막자사발에 80% 아세톤 10ml를 2~3회 가하여 완전히 마쇄한다.
3) 여과지를 시험관의 크기에 알맞게 잘라서 한 쪽 끝에서 약 2cm 되는 지점에 연필로 선을 긋는다.
4) 선에 아세톤 추출액을 한 방울씩 떨어뜨려 말린다. 마르면 연속적으로 반복하여 반점이 진하게 되도록 한다.
5) 시험관에 전개 용매로서 석유에테르를 넣고 여과지가 시험관 벽에 닿지 않도록 수직으로 매달되 석유에테르의 끝에서 여과지가 0.5cm 정도만 잠기도록 한다.
6) 석유에테르가 증발되지 않도록 마개를 단단히 막아서 세워 색소가 분리될 때까지 전개한다.
7) 전개가 완전히 끝나면 여과지를 건조시킨다.

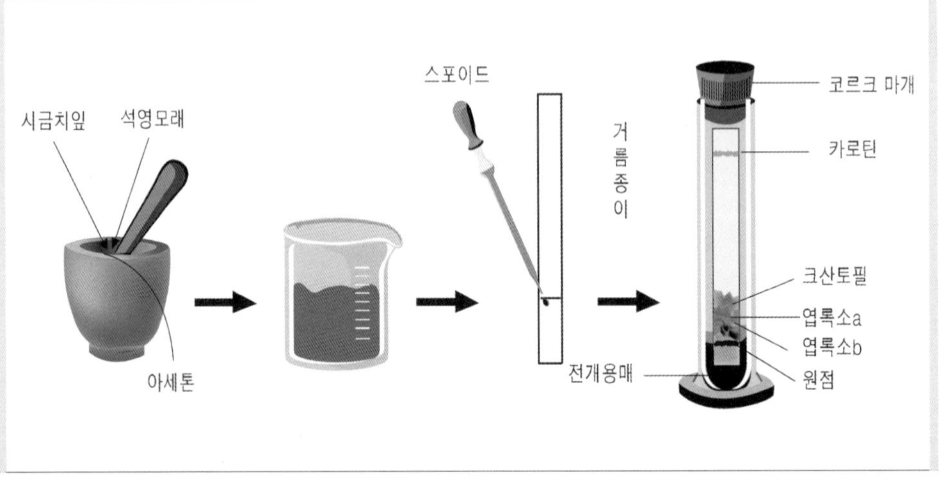

종이 크로마토그라피에 의한 색소 분리

8-2 실험 광합성 색소의 분리-종이 크로마토그래피에 의한 색소의 분리

일반 생물학 실험서

제출일 :

대 학		학 과	
학 번		성 명	

결과 및 관찰

1) 분리 후 건조시킨 여과지를 붙인 다음, 색소들의 위치를 연필로 표시하고 어떤 색소인지 동정하시오.

2) 색소들의 R_f [ratio of flow, 전개 용매 거리에 대한 색소의 이동 거리의 비 = 색소 이동거리 / 전개용매 이동거리 ($R_f \leq 1$)] 값을 구하시오.

3) 각 색소의 이동 거리가 다른 이유가 무엇인지 설명하시오.

고찰

참고문헌

잎의 종류 및 구조

목적

잎의 형태와 내부 엽육구조에 대하여 배운다.
다양한 기공의 구조와 기능에 대하여 알아본다.

이론 및 원리

잎(leaf)

잎의 가장 중요한 기능은 빛을 흡수하여 광합성(photosynthesis)을 하는 것이다. 잎은 빛과 이산화탄소의 흡수를 극대화하기 위해서 납작하고 얇아야 하며, 조직의 대부분은 살아 있어야한다. 또한 광합성을 수행하기 위해서 엽록소가 풍부한 엽록조직으로 분화되어야 한다.
태양으로부터 빛을 받아 광합성이 일어나는 부위는 엽신(leaf blade)으로 엽병(petiole)에 의해 줄기에 연결되어 있다. 잎은 엽병에 의해 빛을 잘 받을 수 있도록 받쳐진다. 엽병으로부터 이어진 엽맥(vein)이 여러 가지 유형으로 엽신에 나타나는 것을 볼 수 있다. 기능면에서 잎은 가장 중요한 기능인 광합성 외에도 가스교환 및 증산작용을 한다.

잎의 유형(leaf type)

엽신의 모양에 따라 주로 단엽(simple leaf)과 복엽(compound leaf)으로 구별된다.

단엽 - 엽신이 갈라지지 않고 하나로 된 잎(예: 호박, 목련, 무궁화, 담쟁이 덩굴 등)

복엽 - 엽신이 동일 평면상에서 여러 개의 작은 잎으로 나누어져 있는 잎.

장상복엽 : 소엽들이 마치 손가락이 손바닥에 붙어 있는 것 같은 양상 (예: 팔손이, 토끼풀 등)

우상복엽 : 소엽들이 깃털모양으로 배열된 양상 (예: 등나무, 아카시나무, 자귀나무 등)

잎의 내부구조(leaf structure)

잎의 구조는 광합성, 물과 양분의 수송, 물의 증산작용 등이 효율적으로 일어날 수 있도록 발달한다. 잎의 바깥쪽 표면은 표피조직으로 덮여 있다. 기본조직은 엽록체를 많이 가지고 있는 엽육조직이며, 유관속조직은 엽맥을 형성한다.

1. 표피조직 - 조밀하고 투명하나 광합성을 하지 않는 최외층 윗면의 상피와 뒷면의 하피조직. 많은 기공을 가지고 있다.
2. 기본조직 - 광합성을 하는 책상유조직과 해면유조직의 배열이 뚜렷하게 구별된다. 책상유조직은 잎의 상표피를 따라 배열되며 광합성의 주된 장소로 광합성의 90% 이상을 수행한다. 잎의 하표피를 따라 해면유조직이 발달하며 광합성에 필요한 공기의 통로 역할을 하는 통기조직으로 넓은 세포간극과 함께 세포들이 불규칙하게 배열되어 있다.
3. 유관속조직 - 책상유조직과 해면유조직 사이에 다발로 형성되며 엽맥이라고도 한다. 단자엽식물의 평행맥, 쌍자엽식물의 망상맥이 대표적이며, 엽맥은 물과 양분의 통로이다. 엽맥은 후벽조직의 일종인 섬유세포들(fibers)로 둘러싸여 지지된다.

기공(stomata)

기공은 잎의 표피세포 중 특수한 형태를 가지는 공변세포(guard cell)에 의해 형성되며, 각 공변세포 옆에는 일반적으로 부세포가 위치한다. 공변세포는 대부분 엽록체(chloroplasts)를 가지며, 주위의 다른 표피세포와 그 형태가 다르다. 기공은 뿌리를 제외한 지상 부위의 1기 식물체 거의 모든 부위에 존재하나 잎에 가장 많이 분포한다. 기공의 빈도와 분포는 종에 따라서 그리고 잎의 부위에 따라서 다양하다.

같은 잎에서도 윗면 상피조직과 뒷면 하피조직에 따라 기공의 수가 다르게 분포한다. 또 다른 식물에서는 서식하는 환경에 따라 상피 또는 하피 어느 한 부위에만 발달하기도 한다. 같은 나무에서도 잎의 위치에 따라 다를 수 있고, 같은 종에서도 생장단계에 따라 외부 환경에 따라 기공의 수가 변화할 수 있다. 대부분의 육상식물의 기공은 잎의 윗면 또는 뒷면에 분포하나 수련, 연꽃과 같은 수생식물에서는 잎의 윗면에 발달한다.

실험기구 및 재료

현미경, 슬라이드글라스, 커버글라스, 증류수, 스포이드, 아세토카민, 면도칼, 여과지, 거름종이, 핀셋, 식물의 잎

실험 방법

1) 면도칼로 잎을 얇게 저며 스포이드로 물 한 방울을 슬라이드 글라스 위에 올려놓고 엽육조직을 관찰한다(상피, 하피, 책상조직, 해면조직, 유관속, 기공 등).
2) 준비된 잎 윗면 또는 뒷면의 표피를 핀셋으로 얇게 벗긴다.
3) 슬라이드글라스 위에 벗긴 표피를 펴 놓고 증류수를 한 방울 떨어뜨린 후 아세토카민 용액 한 방울을 떨어뜨려 염색한다.
4) 커버글라스로 덮은 여액을 여과지로 제거한 후 현미경으로 관찰한다.

9-3 실험 잎의 종류 및 구조

일반 생물학 실험서

제출일 :

대 학		학 과	
학 번		성 명	

결과 및 관찰

1) 기공의 모양을 관찰하고 그린 후 각 부위의 명칭을 써놓는다.

2) 기공의 분포와 수를 센다.

3) 다른 종류의 잎으로 위와 동일하게 실험하여 비교 조사한다.

고찰

참고문헌

꽃의 구조와 생식세포

- 주요 식물과 꽃 & 꽃가루 비교 관찰 -

목적

주요 식물군의 꽃의 구조와 꽃가루를 비교 관찰한다.

이론 및 원리

꽃(flower)

꽃은 진화된 식물의 생식기관으로 생식세포인 꽃가루 내 정핵 및 알세포의 생성과 이들의 수정이 일어나는 장소이다. 꽃은 여러 가지 조직과 부분으로 구성되는데, 씨방을 형성하는 암술(pistil)과 꽃가루를 형성하는 수술(stamen), 그리고 이들을 둘러싸는 꽃잎(petal)과 꽃받침(sepal)으로 이루어져 있다. 암술은 암술머리(stigma), 암술대(style)와 씨방(ovary)으로 구성되며, 수술은 꽃밥(anther)과 수술대(filament)로 구성된다.
꽃의 기능은 다음 세대를 이어갈 종자의 형성이다. 생식시기에 이르러 꽃가루주머니 속의 꽃가루가 암술머리까지 이동하는 현상을 수분(pollination)이라고 하며, 꽃가루가 암술대를 타고 내려와 밑씨와 결합하는 현상을 수정(fertilization)이라고 한다. 수정 후 씨방은 열매로 되며 밑씨는 종자가 된다. 수분은 매개체의 특성에 따라 풍매화(바람), 충매화(곤충), 조매화(새), 수매화(물) 등으로 구분되며, 이러한 요인은 꽃의 진화와 다양화에 크게 기여하였다.

꽃의 색깔(flower color)

꽃의 가장 뚜렷한 특징 중의 하나가 색깔이며, 이에 의해 식물군의 종들이 쉽게 구분될 수 있다. 꽃의 색깔은 특정한 종류의 동물들에게 알리기 위한 것으로 꽃의 다양한 색깔은 수분과 관련하여 진화되었다. 색소는 특히 꽃잎에 집중되어 있으며, 가장 중요한 색소는 플라보노이드(flavonoid)이다. 플라보노이드에 속하는 주요한 색소 중의 하나는 세포의 액포 속에 들어있는 수용성의 안토시아닌(anthocyanin)으로 대부분의 빨간색과 푸른색 식물색소를 나타낸다. 또한 많은 꽃에서는 지용성의 카로티노이드(carotinoid) 색소가 꽃의 색깔을 표현하여 빨간색, 주황색, 노란색으로 나타난다.

꽃가루(pollen)

모든 종자식물은 종의 보존을 위한 종자 형성을 위해 필연적으로 꽃가루(pollen)를 만든다. 이 꽃가루들은 꽃가루주머니(anther)에서 감수분열을 거쳐 만들어진 웅성 생식세포이다. 수술의 꽃가루주머니가 터지면 꽃가루는 여러 가지 매개체에 의해서 암술머리에 운반된다. 꽃가루가 수송되는 목적지에 따라 자가수분(같은 꽃의 암술머리로 운반)과 타가수분(한 식물의 꽃가루를 다른 식물의 암술머리로 운반)으로 구분된다. 각 식물 종들이 서로 다른 형태와 모양의 종자를 형성하듯이 각각의 식물 종들은 또한 서로 다른 다양한 모양의 꽃가루를 형성한다.

실험기구 및 재료

현미경, 슬라이드글라스, 커버글라스, 스포이드, 증류수, 아세토카민, 핀셋, 여과지, 식물의 꽃(갖춘꽃 & 안갖춘꽃), 화분

실험 방법

1) 여러 종류의 꽃의 구조를 관찰하여 비교한다.
2) 특히 수술의 특징을 비교 관찰한 후 각 식물의 꽃가루주머니에서 꽃가루를 묻혀 슬라이드글라스 위에 털어 놓는다.
3) 증류수 한 방울과 아세토카민 한 방울을 떨어뜨린 후 커버글라스를 덮고 여과지로 여분의 물을 제거한다.
4) 커버글라스를 덮은 다음 현미경으로 관찰한 후 관찰한 꽃가루를 그린다.

10 실험 꽃의 구조와 생식세포

일반 생물학 실험서

제출일 :

대 학		학 과	
학 번		성 명	

결과 및 관찰(이하 별지)

1) 각 식물의 꽃 색깔 및 구조를 관찰하고 수분매개 유형과 연계해 본다.

2) 각 식물의 꽃의 구조적 특징을 기록한다.

3) 각 식물의 꽃가루 형태를 그리고 그 특징을 적는다.

4) 각 꽃가루의 공통점과 차이점을 관찰하고 기록한다.

고찰

참고문헌

사람의 ABO 혈액형 관찰

목적

ABO 대립인자의 개념을 파악하고 자신의 혈액형을 직접 판정해본다.

이론 및 원리

사람의 혈액형을 구분하는 방법은 여러 가지이지만 가장 쉽고 흔히 식별할 수 있는 방법은 ABO식 항원-항체 반응에 따라 구분하는 것이다. 혈액에는 세가지 대립인자가 있는데 이들은 A, B, O형들이다. O형은 완전한 열성(recessive)이며, A형과 B형은 O형에 비해 우성(dominant)이다. A형과 B형은 상호 동일한 관계이기에 이들을 공동 우성(co-dominant)이라고도 한다. 혈액형은 한 번 결정되면 평생토록 변하지 않으며 인류집단별로 일정한 비율을 나타내므로 집단유전학(population genetics) 연구에 중요한 지표가 된다. ABO식 혈액형은 항원과 항체의 응집반응을 관찰하여 몇 분내에 간단히 결정할 수 있다. 이렇게 간단한 실험임에도 불구하고 혈액형 관찰의 결과는 범죄수사, 친자확인, 수혈 가능성 여부 등 다양한 분야에 응용될 수 있다. ABO 혈액형의 대립인자들은 각각 멘델의 법칙에 따라 유전된다.

실험기구 및 재료

솜, 소독용 알콜, 란셋, 슬라이드 글라스, 항-A 및 항-B 혈청, 파스퇴르 피펫, 알코올 램프

실험 방법

깨끗이 닦은 슬라이드 글라스를 4개 준비하고 좌, 우에 각각 A, B라는 표시를 해놓는다. 그런 다음 A 표시에는 항-A 혈청을 한 방울 떨어뜨리고, B 표시에는 항-B 혈청을 한 방울 떨어뜨려 놓는다. 혈액형을 판정하고자 하는 사람의 귓볼이나 손가락 끝을 잘 소독한 란셋으로 살짝 찔러 채혈한 뒤 얻어진 혈액을 각 혈청에 한 방울씩 떨어뜨리고 파스퇴르 피펫으로 천천히 저어 섞는다. 몇 분 내로 응집 반응이 일어나는데 이를 잘 관찰하면서 결과를 기록한다. 항-A, 항-B 혈청에 모두 응집 반응을 보이면 AB형, 전혀 응집하지 않으면 혈액형은 O형이다. 항-A 혈청에서만 응집하면 A형이고, 항-B 혈청에서만 응집하면 B형으로 판독한다.

ABO 혈액형의 판정

	O형	A형	B형	AB형
항-A혈청	-	응집	-	응집
항-B혈정	-	-	응집	응집

11 실험 사람의 ABO 혈액형 관찰

일반 생물학 실험서

제출일 :

대 학		학 과	
학 번		성 명	

결과 및 관찰

1) 항-혈청과 혈액 사이의 응집 반응이 일어나는 원리는 무엇인가?

2) 자신의 혈액형은 무엇인지 확인하시오.

3) 전체 실험군에서 각 혈액형별로 관찰된 빈도를 정리해 보시오.

고찰

참고문헌

12

바(Barr) 소체 관찰

목적

염색체의 구조와 성염색체의 역할을 바르게 이해한다.

이론 및 원리

염색체는 실과 같은 구조의 DNA가 촘촘히 감겨있는 구조로서 마치 긴 연줄을 엉키지 않게 감아 놓은 얼레와 같은 역할을 한다. 염색체 구조에서 특별히 중요한 것은 텔로미어(telomere)와 동원체(centromere)이다. 동원체는 핵분열시 방추사가 달라붙어 염색체가 두 개의 딸세포로 나뉘어질 수 있도록 돕는 구조이다. 텔로미어는 염색체의 양끝을 보호하고 있으며 만약 텔로미어를 벗겨내면 염색체들은 서로 달라붙어 버리고 만다. 따라서 텔로미어는 모자와 신발에 해당하고, 동원체는 허리에 해당한다고 볼 수 있다. 사람의 염색체(chromosome)는 모두 46개이다. 사람의 DNA가 워낙 길기 때문에 46개의 염색체에 나뉘어 감겨져 있는 것이다. 각각의 염색체는 고유번호를 가지고 있는데 긴 것부터 차례로 번호를 붙여나간다. 전체적으로는 22쌍의 상동염색체(1~22번, 총 44개)와 2개의 성염색체(X, Y)로 구성되어있다. 남자는 성염색체의 조합이 XY, 여자는 XX로 되어 있다. 염색체를 현미경으로 관찰한 그림을 핵형(karyotype)이라 하며, 번호를 붙이는 작업을 핵형분석(karyo-analysis 또는 karyo-typing)이라고 한다. 여기서 “karyo”는 핵을 의미한다. 번호로만 보면 22번이 가장 작은 염색체이어야 하지만 실제로는 21번 염색체가 제일 작다고 확인되어 있다. 성염색체의 경우는 X 염색체가 Y에 비해 훨씬 크다. 따라서 Y 염색체는 전체 유전자 양(gene dosage)이라는 측면에서 볼 때 거의 무시해도 좋을 정도이다. 문제는 여성의 경우이다. X 염색체가 워낙 크기 때문에 두 개의 X가 모두 활성화된다면 유전자 양에서 남성과 비교할 때 너무 많기 때문이다. 따라서 여성에게서는 X 염색체 하나가 불활성화(inactivation)되어 있는데, 이를 "바 소체(Barr body)"라고 부른다. 여성의 세포핵에서는 하나의 "바 소체"가 발견되는 반면, 남성에게서는 관찰되지 않는다. 따라서 바 소체의 여부는 종종 남녀를 구별하기 위한 유전학적 수단으로 사용되고 있다. 간혹 XXY처럼 비정상적인 성염색체 구성을 보이는 남자도 있는데 이 경우 남자임에도 불구하고 바소체가 관찰될 수 있다. 이런 증상을 클라인펠터증후군(Kleinfelter syndrome)이라 한다.

실험기구 및 재료

알코올 램프, 원심분리기, 항온수조(37℃), 광학현미경, 냉장고, 고압멸균기, 염색시약병, 슬라이드 글라스, 커버 글라스, 란셋, 세포 배양액, 95% 알코올, 무수알코올(absolute alcohol), 에테르, crystal violet, xylene, acetic-orcein, 세포배양 kit

실험 방법

바 소체를 관찰하는 방법에는 두 가지가 있다. 혈액을 채취하여 이를 배양기에서 2~3일간 배양한 뒤 충분한 수의 세포를 확보하여 관찰하는 방법과, 구강점막에서 세포를 긁어내어 이를 직접 염색한 뒤 관찰하는 방법들이다. 세포를 배양할 경우에는 관찰 가능한 세포의 수가 많아지기 때문에 깨끗한 결과를 얻을 수 있는 것이 장점이지만 배양에 소요되는 시간이 길고 필요한 시약이 비싸다는 단점이 있다. 구강점막의 세포를 직접 관찰할 때는 편리하고 신속한 반면 시료가 다소 지저분하여 관찰이 어렵고 숙달이 필요하다는 단점이 있다.

1) 세포 배양

깨끗한 란셋으로 귓볼이나 손가락을 찔러 혈액을 일부 채취한다. 이를 세포 배양 kit에 넣고 2~3일간 배양한다(세포배양 kit에는 배양액이 들어 있는데 대부분의 시약회사에서 취급하는 것을 그대로 구입해 사용하면 된다). 배양이 끝나면 1,000g로 원심분리하여 세포를 모으고 슬라이드 글라스에 얇게 도말한다. 슬라이드 글라스를 에테르-에탄올(1 : 1) 용액에 잠시 담그었다가 95% 알코올로 옮겨 2시간 동안 고정시킨다. 연속하여 증류수에 약 5분간 담그어 둔다. Crystal violet 염색 시약으로 7분간 염색시킨 후 95% 알코올에 2분씩 2회, 무수알코올에 5분간 1회 반응시킨다. 최종적으로 xylene 용액으로 15분간 반응시키고 나서 슬라이드 글라스를 잘 건조시칸다. 현미경의 배율을 1,500배까지 높이면서 100여개의 세포를 관찰하여 바 소체를 찾는다. 바 소체는 주로 핵막 안쪽에 위치하는데 실험 여건에 따라 여자의 세포라고 반드시 관찰할 수 있는 것은 아니다.

2) 구강점막 세포

구강점막을 면봉이나 성냥개비로 살짝 긁어 슬라이드 글라스에 엷게 도말한다. 이후 실험과정은 상기한 바와 동일하지만 acetic orcein 몇 방울을 시료에 떨어뜨리고 그대로 커버글라스를 덮어 관찰하는 것도 편리한 방법이다. 이때 커버 글라스가 깨지지 않을 정도로 지긋이 눌러준 다음 5분 이내에 관찰하는 것이 중요하다.

12 실험 바(Barr) 소체 관찰

일반 생물학 실험서

제출일 :

대 학		학 과	
학 번		성 명	

결과 및 관찰

1) 남자와 여자의 세포에서 각각 염색체를 관찰하고 그 수를 세어 보시오.

2) 염색체마다 동원체의 위치가 어떻게 다른지 조사하시오.

3) 남자의 세포에서도 바 소체가 관찰되는지 말하시오.

4) 바 소체를 관찰하였다면 그림을 그려 보관하시오.

고찰

참고문헌

PTC 미각 역치의 분포

목적

PTC 검사의 원리를 이해하고, 집단내에서 우성과 열성의 분포 정도를 조사해본다.

이론 및 원리

사람의 미각은 복합적인 요인들에 의해 결정되지만 어느 정도는 유전적 소인에 의한 패턴을 보이게 마련이다. 원래 PTC(phenylthiocarbamide) 검사는 실험동물인 쥐가 독극물을 얼마나 잘 판정해내는지를 파악하기 위해 개발된 것이지만, 미세한 맛도 구별할 수 있는 능력이 사회적으로 중요하게 되면서 점차 사람에게 적용된 것이다. 예를 들면 한 집단에서 대부분의 사람이 중간 정도의 맛을 구별할 때 어떤 사람이 아주 옅은 맛도 구별할 수 있다면 이 사람은 대단한 미식가인 셈이다. 이런 사람은 식품회사에서 미세한 맛의 차이를 구별하여 우수한 제품을 개발해낼 수 있기에 현대 사회에서 각광받는 능력을 가진 셈이다. PTC 시료에 대한 감수성 여부는 유전자에 의해 결정되지만, 실제로는 맛을 결정하는 유전자가 복합적이기 때문에 가족력을 보이지 않는 경우가 대부분이다. 일상적으로 PTC에 쓴맛을 느끼는 능력이 우성(T), 맛을 전혀 느끼지 못하는 경우가 열성(t)이다. 사람에 따라서는 신맛 또는 짠맛으로 느끼기도 한다. 표현형은 미각자(taster)와 미맹자(non-taster)로 나뉘어지지만, 유전자형은 TT, tt, Tt 중 하나로 결정된다. 대부분의 사람은 중간 형태인 Tt에 속하게 된다.

실험기구 및 재료

PTC 시약, 비이커, Whatman 3MM 여과지, 피펫, 증류수

실험 방법

1) 비이커를 14개 준비하고, 각각에 1~14까지 일련 번호를 기재한다. 1번 비이커에 PTC 시약 1.947g을 넣고 이를 1리터의 증류수에 용해시켜 원액을 만든다. 2번 비이커에는 원액과 증류수를 1 : 1의 비율로 섞어 1/2 희석액을 만든다. 3번 비이커에는 다시 2번 용액과 증류수를 1 : 1의 비율로 섞는 방식으로 원액부터 14번까지 연속된 희석액을 준비한다. 각각의 용액에 Whatman 3MM 여과지를 담그어 완전히 흡수시킨 뒤 꺼내어 말리고 적당한 크기(1cm X 1cm)로 잘라 번호대로 주욱 나열해 놓는다. 혼동하기 쉬울 경우에는 여과지에도 비이커와 동일한 번호를 기재해 놓는다.
2) 조사방법은 농도가 가장 낮은 번호(14번)의 여과지부터 차례로 맛을 보아 나가다가 최초로 쓴 맛(시거나 짠맛으로 느낄 수도 있음)이 느껴지는 번호를 그 사람의 미각역치로 결정하는 것이다. 허위로 답할 경우를 배제하기 위해서 여과지의 번호를 보여주지 않고, 일단 맛을 느꼈다면 그보다 몇 단계 높거나 낮은 농도의 여과지로 재확인하도록 한다.
3) 미각역치 1에서도 쓴맛을 느끼지 못했다면 그 사람의 미각역치는 1 이하(< 1)가 된다.

13 실험 PTC 미각 역치의 분포

일반 생물학 실험서

제출일 :

대 학		학 과	
학 번		성 명	

결과 및 관찰

1) 자신의 미각역치를 확인해 보시오.

2) 보편적인 집단내에서 미각역치의 분포곡선이 어떻게 나타나는지를 X축에는 역치를, Y축에는 빈도를 표시하여 그리시오.

3) 미맹자(tt)가 조사표본 중 대체로 얼마나 되는지 조사하시오.

고찰

참고문헌

지문의 검사

목적

지문이 생기는 원리를 이해하고, 종류에 대해 조사한다.

이론 및 원리

사람의 피부는 표피(epidermis)와 진피(dermis)로 구성되어 있다. 표피는 우리 몸의 가장 바깥쪽을 덮고 있는 상피층이며, 진피는 그 아래 있는 부분으로 융기를 이루고 있다. 이 융기의 모양에 따라 지문이 결정되는데 여기에는 아주 복잡한 유전적 패턴이 뒤따르게 된다. 그럼에도 불구하고 지문은 크게 3종류로 나뉘어진다. 궁상문(arch), 제상문(loop), 와상문(whorl)이 그것들이다. 궁상문은 손가락을 길게 폈을 때 평행인 지문이 늘어서 있는 형태이며 삼각도(delta)라고 부르는 구조가 관찰되지 않는 형태이다. 제상문은 지문이 말발굽 형태로 늘어선 것으로 삼각도가 한 개 관찰된다. 와상문은 지문이 고리모양으로 배열되기 때문에 삼각도가 양쪽에 2개 생기게 된다. 지문은 이 세 가지를 기본으로 사람에 따라 다양한 변화를 보이는데 일란성쌍둥이라 할지라도 지문은 다를 수 있다.

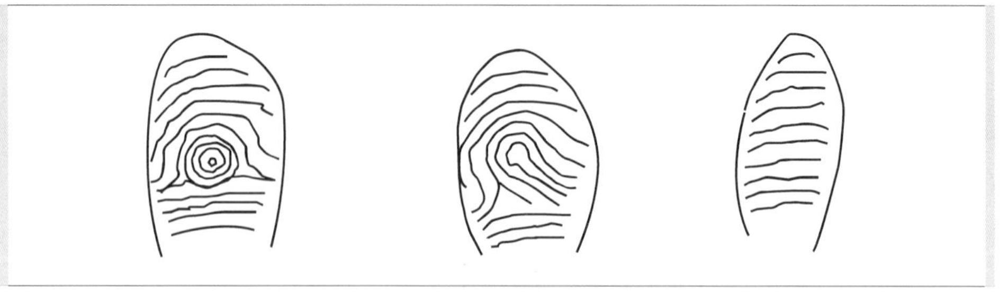

지문의 종류(왼쪽부터 와상문, 제상문, 궁상문)

실험기구 및 재료

유리판, 도화지, 유성 잉크 또는 도장 인주

실험 방법

1) 유리판 위에 유성 잉크나 도장 인주를 골고루 도포한 후 다섯 손가락을 그 위에 살짝 얹어서 고르게 묻힌다.
2) 오른손과 왼손 모두 엄지손가락을 1번으로 하여 차례대로 번호를 붙여 나간다.
3) 준비한 도화지에 지문을 모두 찍은 후 자신의 지문이 어느 형에 속하는지 관찰한다.
4) 실험군의 다른 사람들과 비교하고 통계 처리해본다.
5) 가능하다면 가족과 친척, 외척들까지 지문을 찍어 상호 비교해 보도록 한다.

14 실험 지문의 검사

일반 생물학 실험서

제출일 :

대 학		학 과	
학 번		성 명	

결과 및 관찰

1) 열 손가락의 지문이 모두 동일한 형태인지를 조사하시오.

2) 실험군을 통계 처리한 결과 가장 많은 형태와 가장 적은 형태가 무엇인지 말하시오.

3) 가족을 대상으로 동일한 실험을 하였을 때 유전적 소인이 나타나는지를 조사하시오.

고찰

참고문헌

초파리의 형태 관찰

목적

초파리는 채집이 쉽고 생활사가 짧아서 유전학 실험재료로 널리 사용되는 유용한 곤충이다. 초파리의 알, 유충, 번데기, 성체의 형태를 해부현미경을 이용하여 관찰한다.

이론 및 원리

초파리는 절지동물문, 곤충강, 쌍시목에 속하며, 세계적으로 2,000여종의 초파리가 알려져 있다. 우리나라에도 150여종이 있다. 그 중 노랑초파리(*Drosophilla melanogaster*)가 대표적인데, 과일 썩은 곳에도 잘 모이므로 과일 파리로도 불린다. 초파리는 완전변태를 하는 곤충으로 알, 유충, 번데기, 성체의 네 단계를 거친다. 21℃에서 약 8일 동안 알과 유충의 상태로 있다가 번데기로 되며 6일 후에는 성체가 된다. 유충은 3령 유충 후 번데기가 된다.

알은 타원형으로 약 0.5mm 정도의 크기이며, 앞 쪽에 2개의 돌기를 가진다. 유충은 2회 탈피 후 3령 유충이 되는데 흉부와 복부 끝에 각 1쌍씩의 기문이 있다. 번데기는 두부, 흉부, 복부의 구분이 뚜렷하지는 않다. 성체의 외형은 두부, 흉부, 복부의 세 부분으로 구성되며, 뒷날개가 퇴화된 평균곤이 있다. 통상 암컷이 크고 복부의 끝이 뾰족하며, 수컷이 작고 복부 끝이 둥글다. 암컷의 복부 검은 무늬의 수가 수컷보다 많다. 대신 수컷은 제1각쌍의 부절 기부 마디에 성즐(sexcomb)을 가진다.

실험기구 및 재료

해부현미경, 초파리 사육병, 에테르, 마취병

실험 방법

1) 사육병 입구에 마취병의 입구를 연결시켜서 초파리가 마취병으로 옮겨 오게 한 후, 마취병 속에 에테르를 적신 솜을 넣어 초파리를 마취시킨다. 암수를 구분한 후 관찰한다.
2) 사육병 속에 있는 유충도 성체와 같이 마취시킨 후 관찰한다.
3) 사육병 속의 알과 번데기도 꺼내어 관찰한다.

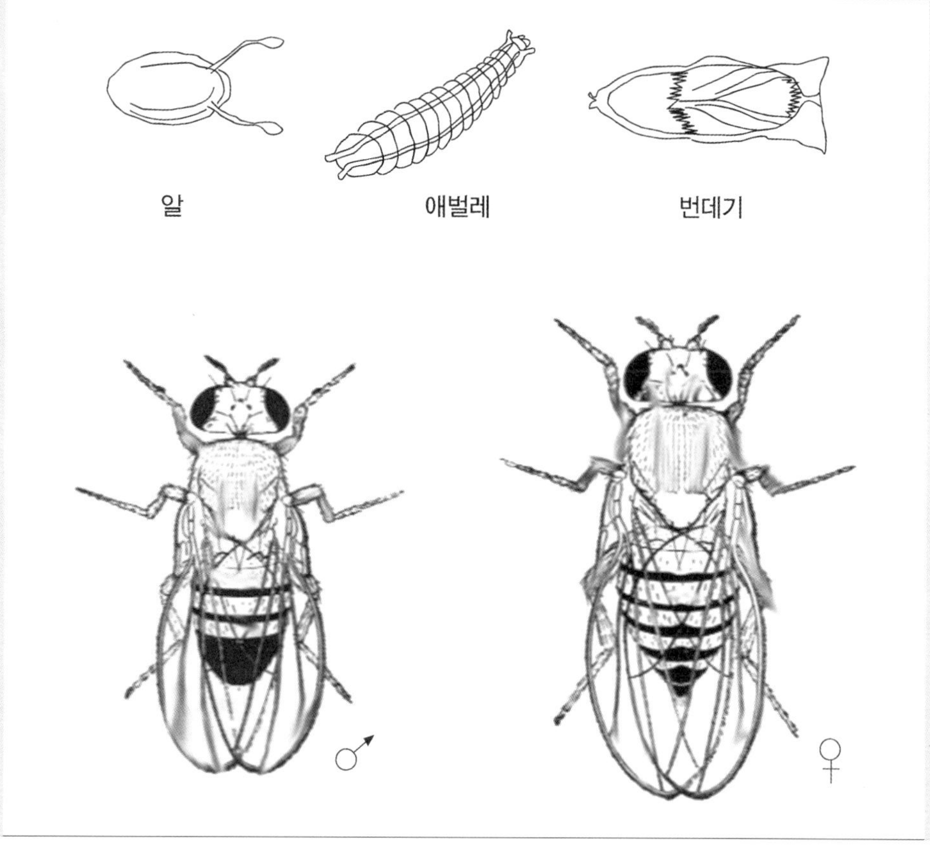

초파리 알, 애벌레, 번데기 및 성체

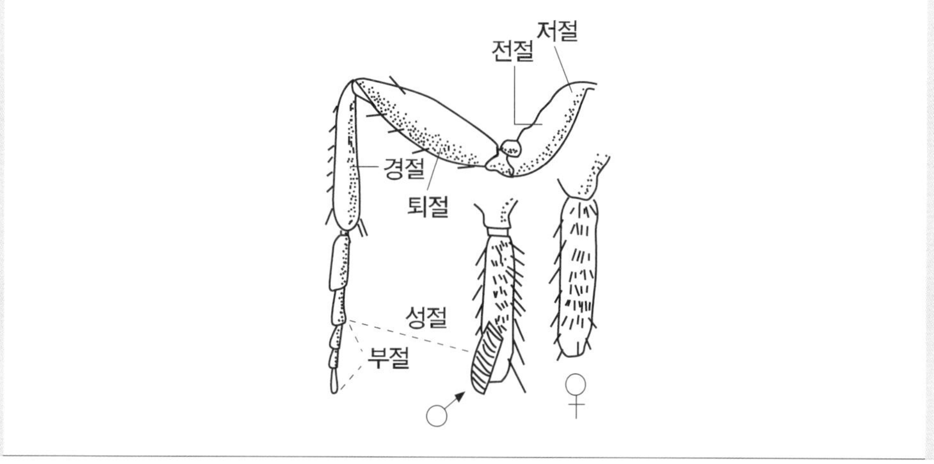

초파리 성즐(sexcomb)

15 실험 초파리의 형태 관찰

일반 생물학 실험서

제출일 :

대 학		학 과	
학 번		성 명	

결과 및 관찰

1) 알의 형태

2) 유충의 형태

3) 번데기의 형태

4) 성체 암수의 형태

5) 수컷의 성즐(sexcomb)의 모양

고찰

참고문헌

16 개구리의 발생

목적

개구리의 발생을 관찰하면서 수정, 난할, 변태 등의 주요 과정늘을 이해한다.

이론 및 원리

개구리는 인공배란이 비교적 쉬우며 알이 크기 때문에 전체적인 발생과정을 어렵지 않게 지켜볼 수 있다는 것이 실험동물로서의 장점이다. 대부분의 개구리는 일년을 주기로 생식하는데 최근에는 아프리카에서 수입한 *xenopus* 종류를 실험실에서 많이 이용하고 있다. 자연 상태에서 개구리는 여름에 알을 만들어 가을까지 체내 발달시킨 후 다음해 봄에 방출하는데 이를 산란 또는 배란이라고 한다. 개구리의 배란도 사람과 마찬가지로 뇌하수체에서 분비되는 호르몬에 의해 유도되기 때문에 비교 발생학 연구에 아주 좋은 재료이다. 개구리의 발생과정은 대체로 사람과 비슷하지만 올챙이 시절을 거쳐 성체로 탈바꿈하는 변태(metamorphosis) 단계가 하나 더 있다.

실험기구 및 재료

해부현미경, 어항, 냉장고, 해부도구 세트, 페트리 접시, 배양기, 에테르

실험 방법

1) 에테르로 마취한 암컷 개구리 한 마리를 해부한 후 뇌하수체만 따로 적출해낸다.
2) 적출한 뇌하수체를 증류수에 잘 섞어 현탁액으로 만든 다음, 원액~1/10 농도 용액까지 단계별로 희석해 냉장고에 보관한다.
3) 배란을 유도할 암컷 개구리를 여러 마리 선택하여 농도별로 뇌하수체 용액을 복강에 주사한 다음 실온에 두어 배란을 유도한다.
4) 보통은 뇌하수체를 주입한 후 24시간~48시간 사이에 배란이 유도된다. 만약 배란을 하지 않으면 뒷다리를 잡고 복부를 짜듯이 밀어내어 알이 흘러나오게 유도한다.
5) 수컷 개구리의 복부를 절개하여 정소를 적출한 다음 증류수에 섞어 정자 현탁액을 준비한다.
6) 페트리 접시에 채취한 난자를 놓고, 그 위에 정자 현탁액을 떨어뜨린 후 18℃에 보관하면서 매시간 주기로 수정과 난할과정을 관찰한다. 24시간 이후에는 10~12시간 주기로 관찰한다.

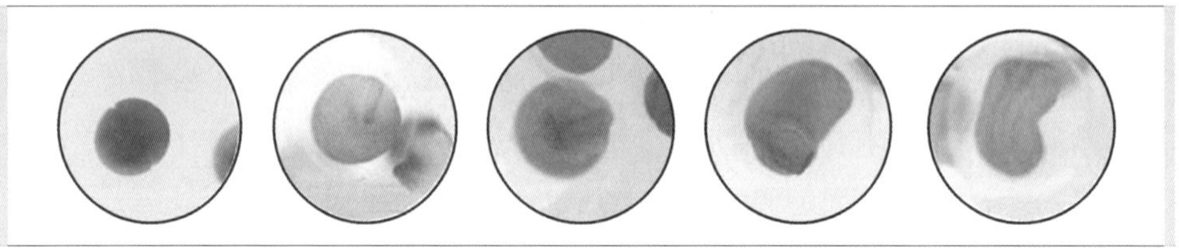

개구리 알의 난할 및 초기 발생 과정

16 실험 개구리의 발생

일반 생물학 실험서

제출일 :

대 학		학 과	
학 번		성 명	

결과 및 관찰

1) 수정이 일어나면 난자에 어떤 변화가 즉시 생기는지 관찰하시오.

2) 뇌하수체 호르몬에는 어떤 것들이 있는지 조사하시오.

3) 2, 4, 8세포기 및 포배기와 심장박동 등을 관찰하시오.

고찰

참고문헌

17 닭의 발생

목적

닭의 발생을 통해 수정란의 후기 발생을 공부하고, 조류의 발생과정을 이해한다.

이론 및 원리

닭의 발생은 사람과 마찬가지로 체내 수정에 의해 시작되며, 수란관에서 수정이 이루어진다. 수정은 여러 개의 정자가 한 개의 난자 속으로 들어가는 다수정(polyspermy) 방식으로 시작되지만 최종적으로 하나의 정자만이 선택되고 나머지는 난자 안에서 소멸되어 버린다. 난자가 수정되면 닭의 체내에서 곧 난할이 시작되기 때문에 산란 시에는 이미 수천 개의 할구로 이루어진 포배시기에 도달하게 된다. 우리가 일반적으로 볼 수 있는 유정란은 바로 이 시기의 것을 말한다. 그러나 닭이 알을 품듯이 발생에 필요한 적절한 온도(37℃)와 습도가 주어지기 전에는 더 이상 발생이 진행되지 않는다. 조류의 알은 분류상 극단황란에 속한다. 난황(yolk)이 없는 동물극의 세포질은 작은 원반 형태로 난황 위에 떠 있고 이것을 배반(blastodisk)이라 부른다. 난할이 시작되면서 배반은 배로 성장하는데 이때 필요한 양분을 난황이 공급한다.

닭의 배 구조는 다음과 같다.

1) 난각 : 계란을 둘러싸고 있는 단단한 껍질. 닭의 내부에서 생성되어 산란 후 계란을 보호하는 역할을 한다.
2) 난각막 : 난각에 붙어 있는 막. 세균의 침입을 막는 역할을 한다.
3) 배반 : 난황의 꼭대기에 위치하며 핵과 세포질이 여기에 들어있다. 기온이 37℃ 이상으로 올라가게 되면 세포 발생이 시작된다.
4) 난황(노른자) : 단백질과 지방이 풍부하여 배 발생에 필요한 양분을 공급한다.
5) 난백(흰자) : 투명한 점액질로 되어있으며 90% 정도는 수분이다. 나머지는 대부분 단백질로 구성되어 있다.
6) 알끈 : 난황을 중심 부위에 고정시킨다. 좌, 우 하나씩 2개가 있다.

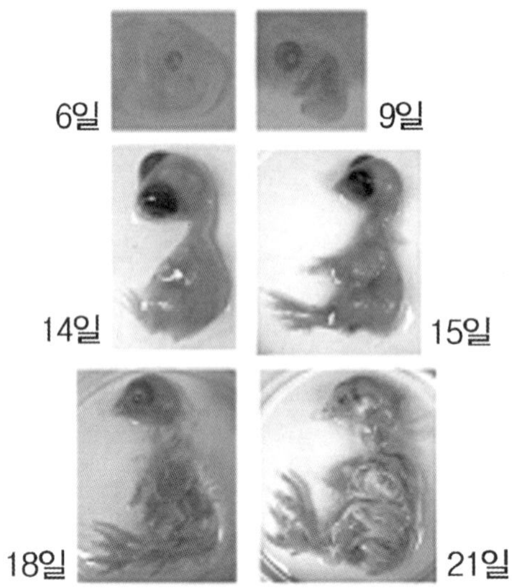

닭의 배발생 과정

실험기구 및 재료

생리식염수(0.9 %), 유정란, 배양기, 페트리 접시, 해부기 세트, 해부현미경

실험 방법

1) 수정란을 배양기에서 부화, 발생시킨다. 이때 부화기는 37℃, 습도 60% 이상을 유지시키고 하루에 1~2회 정도 수정란을 돌려주어야 한다.
2) 수정란을 옆으로 뉘인 후 난황이 터시시 않도록 조심스럽게 깨뜨려 배반엽이 난황의 위쪽에 위치하도록 한다. 이것을 생리식염수가 들어있는 페트리 접시에 조심스럽게 모은다.
3) 여과지를 배보다 크게 오린 후 배반엽 위에 올려놓고 바깥쪽의 난황막을 모두 제거한다.
4) 여과지에 붙은 상태의 배를 식염수가 들어 있는 새로운 페트리 접시에 옮긴 후 여과지와 난황을 제거한다.
5) 부화가 일어날 때까지 매일 정해진 시간에 해부현미경으로 발생과정을 관찰한다.

17 실험 닭의 발생

일반 생물학 실험서

제출일 :

대 학		학 과	
학 번		성 명	

결과 및 관찰

1) 닭의 심장과 척추가 생기는 과정을 관찰하시오.

2) 유정란의 몇 %가 실제로 부화했는지 계산하시오.

3) 양서류나 포유류와 비교할 때 닭의 발생은 어떤 특징이 있는지 말하시오.

고찰

참고문헌

근육조직의 관찰

목적

쥐의 근육조직을 관찰하고 근육의 구조와 근수축의 기능을 이해한다.

이론 및 원리

근육조직은 근섬유라고 부르는 세포들로 구성된다. 근섬유는 액틴필라멘트와 미오신필라멘트를 갖고 있으며, 이들의 상호작용이 근육운동의 원인이 된다. 근육은 몸의 열 생성에도 중요하다. 근육조직은 골격근, 평활근, 심근 세 종류이다. 각 종류는 모양과 기능이 다르다.

1) 골격근(skeletal muscle)은 수의근이라고도 하는데, 힘줄에 의해서 골격뼈에 연결되고, 이 근육이 수축하면 신체가 움직인다. 골격근의 수축은 자발적 통제(voluntary control) 상태이며 다른 종류의 근육보다 더 빨리 작용한다. 골격근 섬유는 원추형이며 매우 길게 뻗는다. 이 근섬유는 발생 중에 몇 개의 세포들이 융합될 때 생기며 다수의 핵을 갖는 한 개의 섬유를 만든다. 핵은 원형질막 바로 안쪽의 세포 주변에 위치한다. 근섬유는 가로무늬 모양의 밝고 어두운 밴드가 교대로 나타난다. 이들 밴드는 세포 내부의 액틴필라멘트와 미오신필라멘트의 배치로 인하여 만들어진다.
2) 평활근(smooth muscle)이란 이름은 세포에 가로무늬가 없기 때문에 붙여졌다. 방추 모양의 세포들은 한 세포에서 두꺼운 중간 부위가 인접한 세포의 얇은 쪽 양끝에 위치하게 되는 층을 구성한다. 따라서 핵이 불규

척한 배열을 한다. 평활근은 자발적 통제가 불가능하고 따라서 불수의근(involuntary muscle)이라고 말한다. 장, 위, 기타 내장기관의 벽과 혈관에서 발견되는 평활근은 골격근보다 수축하는 속도는 느리지만 더 오랜 시간 동안 수축 상태를 유지할 수 있다. 장의 평활근이 수축하면 음식물이 내강(lumen)을 통하여 이동한다. 혈관의 평활근이 수축하면 혈관도 수축하여 혈압을 높이는데 도움을 준다. 눈의 홍채와 피부 안에도 소량의 평활근이 발견된다.

3) 심근(cardiac muscle)은 심장 벽을 형성한다. 심근 수축으로 혈액이 공급되고 심장 박동이 생긴다. 심근은 평활근과 골격근 모두의 특징이 혼합되어 있다. 골격근처럼 가로무늬가 있지만 심장의 수축은 대부분 비자발적 운동을 한다. 심근 세포는 중앙에 있는 한 개의 핵을 갖는다는 점에서 골격근 세포와 다르다. 심근 세포들은 가지를 내고 상호 연결된 한 개의 커다란 세포다발을 이룬다. 실제로 심근 세포들은 분리되어 개별적이지만 개재판(intercalated disk)으로 연결되어 있다. 개재판은 세포와 세포 사이의 접힌 원형질막이 접착점(adhesion junctions)과 간극연접(gap junctions)을 함유하는 지역이다.

실험기구 및 재료

쥐의 대퇴부 근육조직, 면도칼, 페트리디쉬, 해부용 장갑, 생리식염수, 현미경, 슬라이드 글라스, 커버 글라스, 메틸렌블루용액, 여과지

실험 방법

1) 쥐의 대퇴부에서 근육조직을 채취한다.
2) 슬라이드 글라스 위에 생리식염수를 한 방울 떨어뜨리고, 그 위에 채취한 근육조직을 놓는다.
3) 여과지로 생리식염수를 흡수한 다음, 메틸렌블루용액을 한 방울 떨어뜨린다.
4) 2분 정도 염색한 후, 커버 글라스를 덮고 염색액을 흡수한 후, 근육조직

을 관찰한다.

5) 근육조직을 관찰하면서 그림을 그린다.

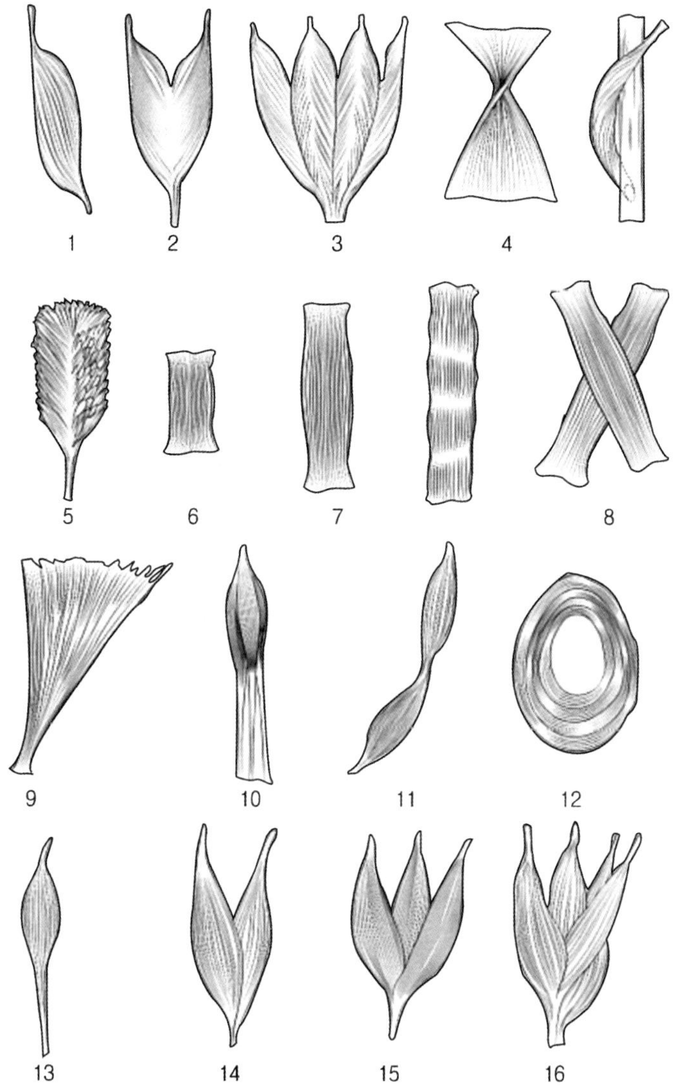

Muscle Shapes

1. Unipennate 2. Bipennate 3. Multipennate 4. Spiral 5. Radial 6. Quadrate 7. Strap 8. Cruciate 9. Triangular 10. Multicaudal 11. Digastric 12. Circular 13. Fusiform 14. Bicipital 15. Tricipital 16. Quadricipital

근육의 형태

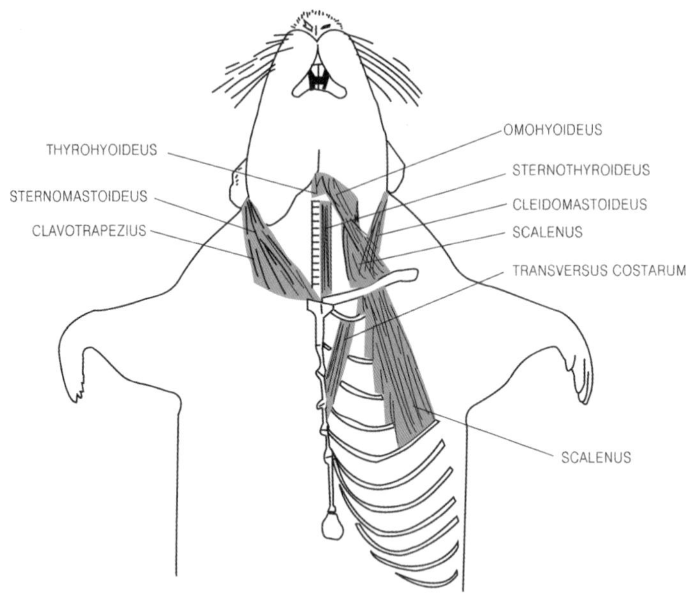

Ventral view of the neck musculature.

취의 목근육(배쪽면)

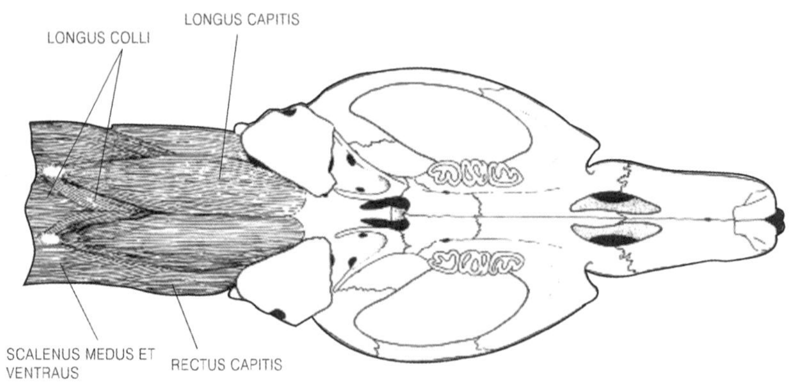

Ventral view of the neck musculature.

쥐의 목 깊은 근육(배쪽면)

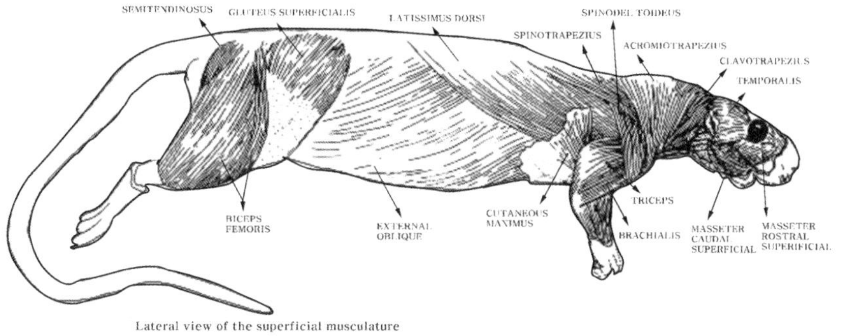

Lateral view of the superficial musculature

얕은 근육(측면)

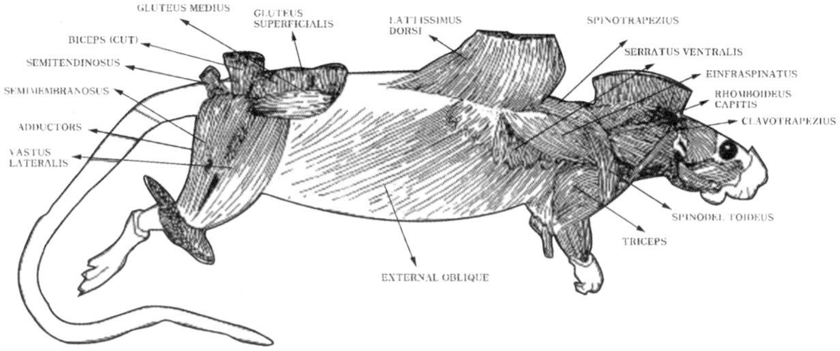

Lateral view of the musculature. The acromiotrapezius, latissimus dorsi, gluteus superficialis, biceps femoris, and semitendinosus have been cut and deflected.

깊은 근육(측면)

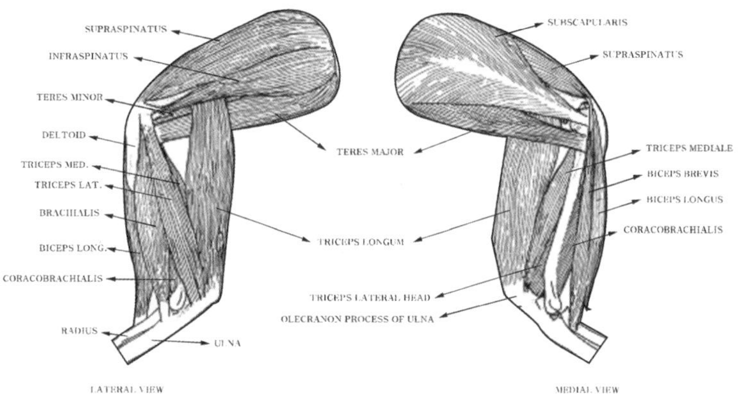

Lateral (your left) and medial (your right) views of the shoulder and brachial musculature.

어깨근육과 팔근육(측면과 중앙면)

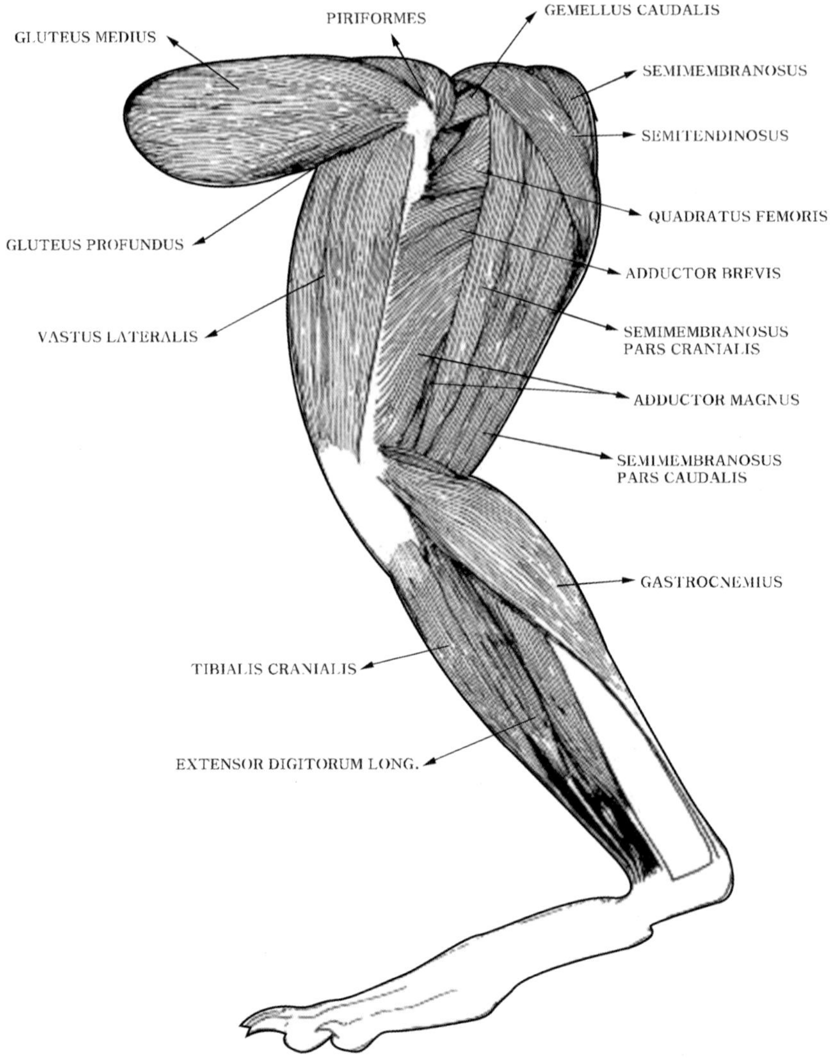

Some muscles of the hind limb, lateral view. The gluteus superficial and biceps femoris are removed.

쥐의 뒷다리 근육(측면)

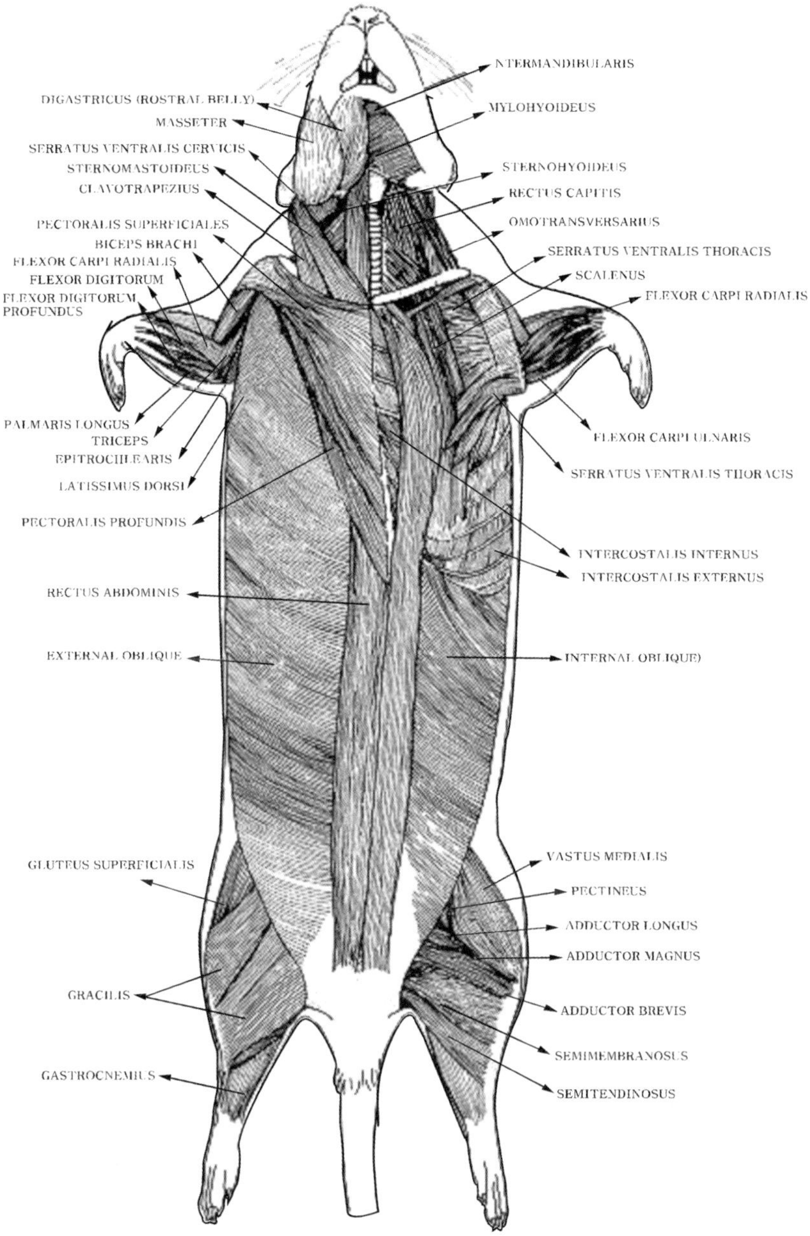

Musculature, ventral view. The right side of the specimen illustrates the superficial muscles, while the deeper muscles are exposed on the specimen's left side.

쥐의 근육(배쪽면)

18 실험 근육조직의 관찰

일반 생물학 실험서

제출일 :

대 학		학 과	
학 번		성 명	

결과 및 관찰

1) 흰쥐 근육조직의 형태를 관찰한다.

2) 머리, 목, 배쪽 등 전신 부위에서 관찰한 근육의 명칭과 그림을 그린다.

고찰

모든 근육조직은 액틴필라멘트와 미오신필라멘트를 갖고 있다. 골격근과 심근에는 가로무늬 모양을 형성하며, 평활근에는 가로무늬가 없다.

참고문헌

원생생물의 관찰과 분류

목적

우리 주변에서 얻을 수 있는 오수 속의 원생생물을 종류별로 관찰하고 그들의 유연관계를 추정해 본다.

이론 및 원리

원생동물계는 다계통군으로서 15억년 전, 고세균과 진세균에서 진화했다고 추정한다. 원생생물은 대부분 단세포로서 고등생물에서의 특정 세포보다 훨씬 복잡하며, 일부는 군체를 이루며 산다.
다양한 무성, 유성 생식법, 독립영양과 종속영양 형태, 기생과 공생 생활을 취함으로써 대단한 종 다양성을 보이고 있다. 이들은 보통 7개의 문 - 육질편모충문, 망형충문, 정단복합체충문, 미포자충문, Ascetospora문, 점액포자충문, 섬모충문 - 으로 구분한다. 이 중에서 우리 주변의 오수에서 흔히 관찰이 되는 무리들은 육질편모충아문에 속하는 식물성편모충류(연두벌레, 쌍편모충류, 볼복스 등)와 섬모충문의 전모류(짚신벌레 무리), 주모류(종벌레 무리), 흡관충류(흡관충 무리), 선모류(나팔벌레) 등이 있다.

실험기구 및 재료

현미경, 슬라이드 글라스, 커버 글라스, 오수. 1% methylcellulose 용액

실험 방법

1) 가능한 여러 장소에서 오수를 채집한다.
2) 채집 시 상층 수보다 바닥과 수초 부근에서 오수를 취한다.
3) 움직임이 신속하여 관찰이 어려울 때는 1% methylcellulose 용액을 첨가하여 관찰한다.

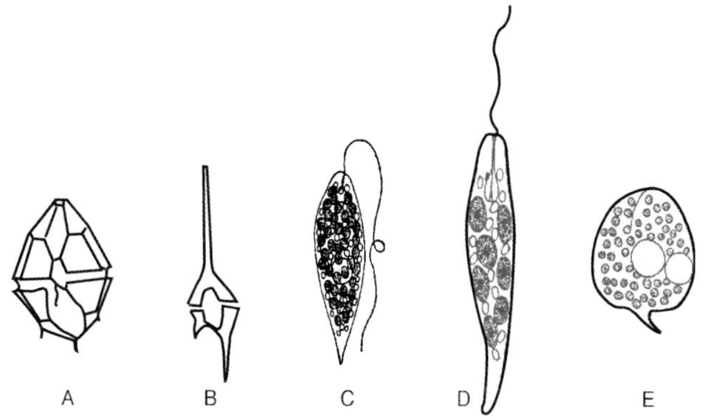

A. *Peridinium aciculiferum* (와편모충목) B. *Ceratium hirundinella* (와편모충목)
C. *Euglena proxima* (유글레나목) D. *Euglena gracilis* (유글레나목)
E. *Phacus pleuronectes* (유글레나목)

식물성편모충류

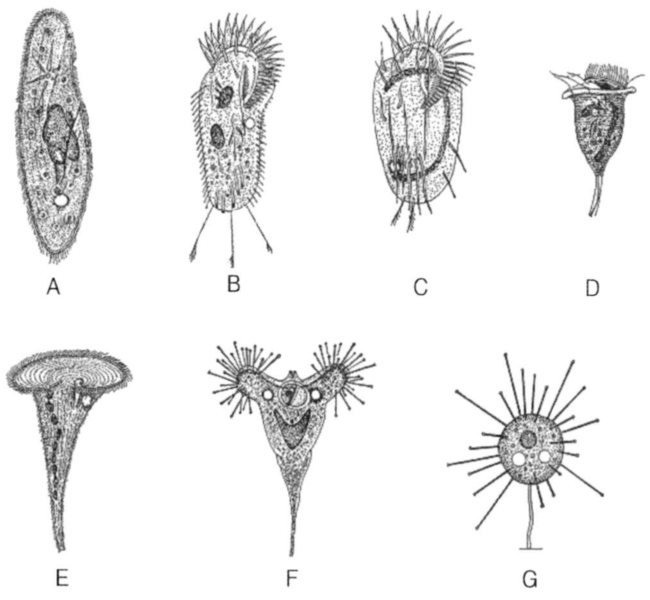

A. *Paramecium caudatum* (막구목) B. *Stylonychia mytilus* (하모목)
C. *Euplotes patella* (하모목) D. *Vorticella similis* (주모목)
E. *Stentor coeruleus* (이모목) F. *Tokophryya quadripartita* (흡관충목)
G. *Podophrya fixa* (흡관충목)

섬모충류

19 실험 원생생물의 관찰과 분류

일반 생물학 실험서

제출일 :

대 학		학 과	
학 번		성 명	

결과 및 관찰

1) 관찰된 원생생물 중 5종 이상을 특징 위주로 간략하게 그림 그리고, 이름을 붙여보시오.

2) 비슷한 특징을 기준으로 유연관계를 설정해보시오.

고찰

참고문헌

무척추동물(연체류)의 관찰

목적

무척추동물 모두를 관찰해 볼 수가 없으므로, 우리 주변에서 언제나 쉽게 섭할 수 있는 연체동물을 관찰하고 중요한 특징들을 살펴본다.

이론 및 원리

연체동물의 특징으로는 몸이 발을 포함한 머리 부분과 내장낭으로 구분되며, 껍질을 분비하는 외투막, 외투강, 좌우상칭, 원구동물의 특징(trochophore 유생, 나선난할, 분열체강 형성), 위심강, 개방혈관계(두족류 제외), 치설 등을 가지는 것이다. 이 동물문은 7개의 강으로 구분되는데, 가장 종류가 많은 것이 복족강이다. 달팽이, 고둥, 소라, 전복, 군소 등이 이에 속한다. 이들은 디스토마의 중간숙주가 되는 것이 있으며, 몸의 꼬임과 껍질의 꼬임이 특징적이다. 이매패강(부족강)은 다음으로 큰 강인데, 조개, 굴, 홍합, 가리비 등이 이에 속한다. 대부분 식용이다. 2장의 껍질이 특징적인데, 접번인대(hinge ligament)와 전후패각근(adductor)으로 껍질을 닫는다. 두족강은 문어, 오징어, 갑오징어, 앵무조개 등이 이에 속한다. 가장 복잡한 연체동물이며, 무척추동물이다. 다른 연체동물의 발의 앞부분이 촉수 혹은 팔을 만든다. 이들의 껍질은 점차 퇴화되는 경향을 보이는데, 갑오징어나 오징어는 몸속에 퇴화된 껍질을 아직도 가지고 있고, 문어의 경우는 완전히 제거되고 없다. 이들만 폐쇄혈관계를 가진다. 그 외 8개의 등판을 가진 다판강, 뿔조개(tooth shell)라고 불리는 굴족강, 1개의 껍질을 가지며, 신관, 아가미, 수축근을 쌍으로 가지는 단판강, 껍질이 없고 원통꼴로 생긴 무판강이 있다.

연체동물은 선구동물로서 환형동물과 배 발생 과정의 유사성이 뚜렷하다. 담자 유생은 양자에서 구별이 안될 정도이다. 또, 아가미, 배설기, 신경계가 체절로 배열되어 있는 단판강이 연체동물과 환형동물과 절지동물을 이어 주는 특징을 가진 것이라고 보고 있다.

실험기구 및 재료

해부기 set, 해부접시, 메스, 조개류

실험 방법

1) 조개류는 각정이 향하는 방향이 앞쪽이다. 메스를 이용하여 전후폐각근을 조금씩 끊어 들어가면, 패각이 열린다.
2) 한 쪽의 패각을 외투막과 함께 제거한다. 이때 아가미와 각정 바로 아래에서 약간 뒤쪽에 위치하는 연약한 위심강이 찢어지지 않도록 매우 주의해야 한다.
3) 먼저 외형을 관찰하고 그림을 그려서 각부의 명칭을 기입한다.
4) 다음 위심강을 해부하고 그 속에 있는 소화관을 싸고 있는 삼장을 관찰한다. 살아있는 상태여야 심장의 박동을 볼 수 있다. 조개를 삶아서 해부하면 심장 박동은 확인할 수 없다.
5) 내장낭을 절개하여 내부의 소화선, 생식선, 소화관을 관찰하고 그림을 그려서 각부의 명칭을 기입한다.

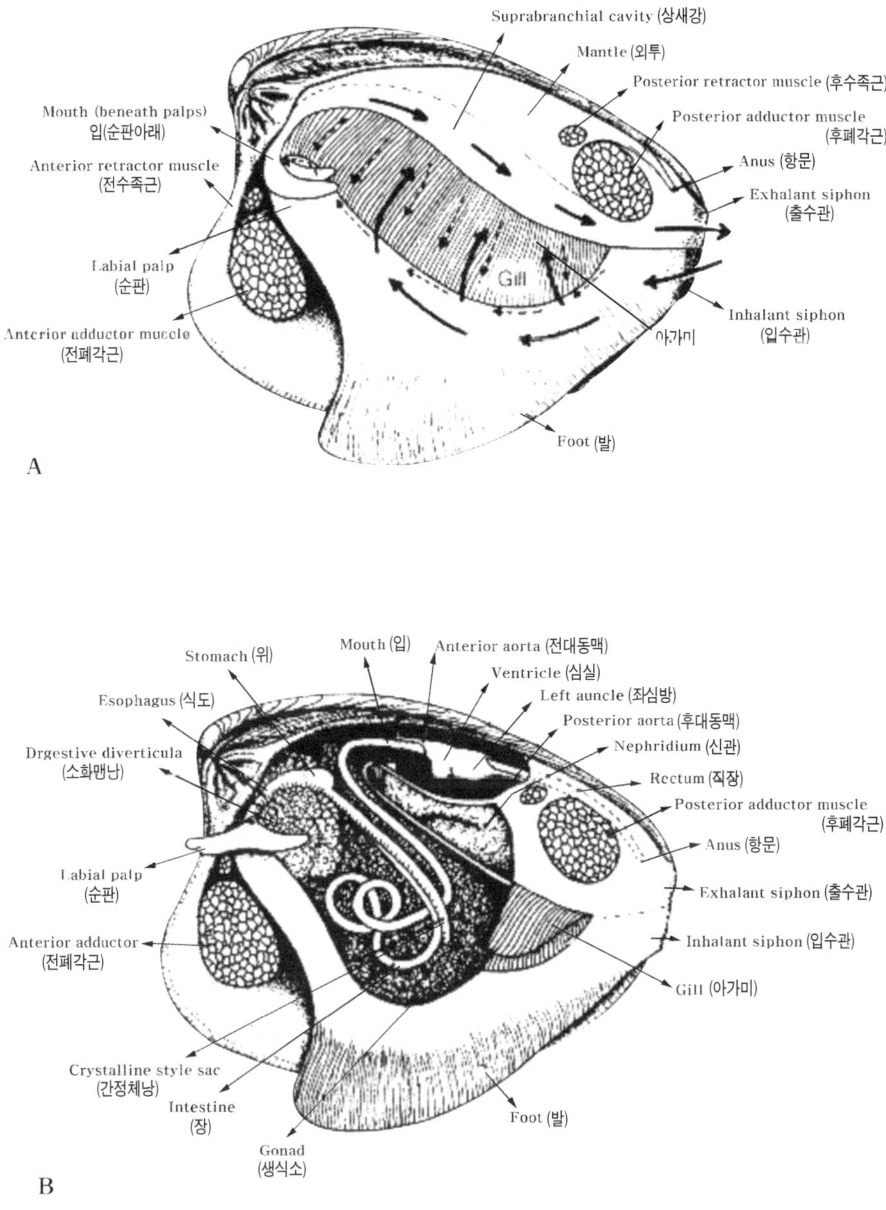
Suprabranchial cavity (상새강)
Mantle (외투)
Posterior retractor muscle (후수족근)
Mouth (beneath palps)
입(순판아래)
Posterior adductor muscle
(후폐각근)
Anterior retractor muscle
(전수족근)
Anus (항문)
Exhalant siphon
(출수관)
Labial palp
(순판)
Gill
Anterior adductor muscle
(전폐각근)
아가미
Inhalant siphon
(입수관)
Foot (발)
A
Stomach (위)
Mouth (입)
Anterior aorta (전대동맥)
Ventricle (심실)
Esophagus (식도)
Left auncle (좌심방)
Posterior aorta (후대동맥)
Drgestive diverticula
(소화맹난)
Nephridium (신관)
Rectum (직장)
Posterior adductor muscle
(후폐각근)
Anus (항문)
Labial palp
(순판)
Exhalant siphon (출수관)
Anterior adductor
(전폐각근)
Inhalant siphon (입수관)
Gill (아가미)
Crystalline style sac
(간정체낭)
Intestine
(장)
Foot (발)
Gonad
(생식소)
B

연체동물의 형태

20 실험 무척추동물(연체류)의 관찰

일반 생물학 실험서

제출일 :

대 학		학 과	
학 번		성 명	

결과 및 관찰

1) 이매패의 형태

고찰

참고문헌

척추동물의 해부

목적

척추동물 중에서 경골어류, 개구리, 쥐의 해부 실험을 통하여 동물의 기관을 관찰한다.

이론 및 원리

1) 경골어류

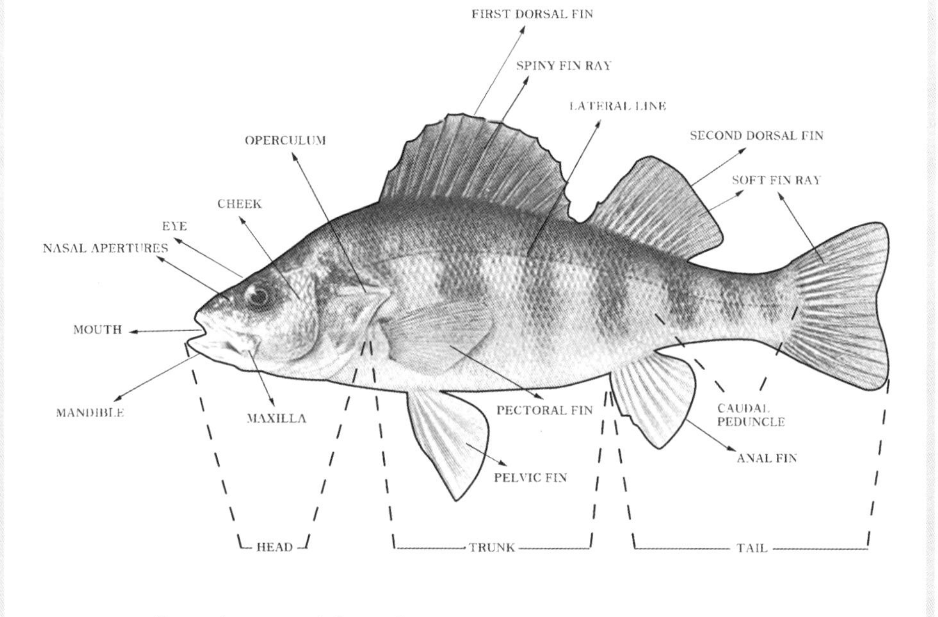

External anatomy of the perch.

어류의 외부형태

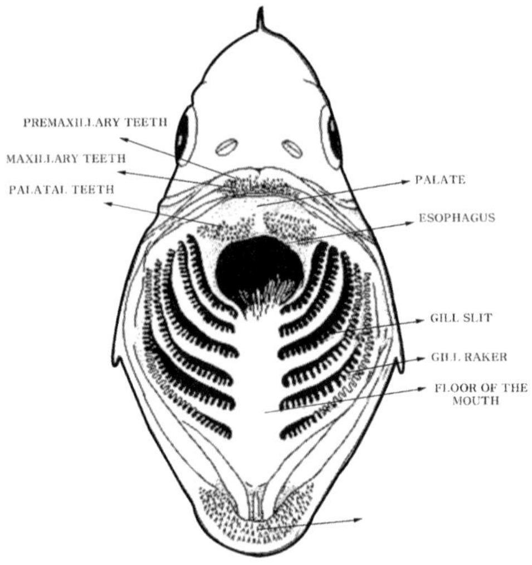

Oral cavity and pharynx of the perch.

어류의 구강, 인두

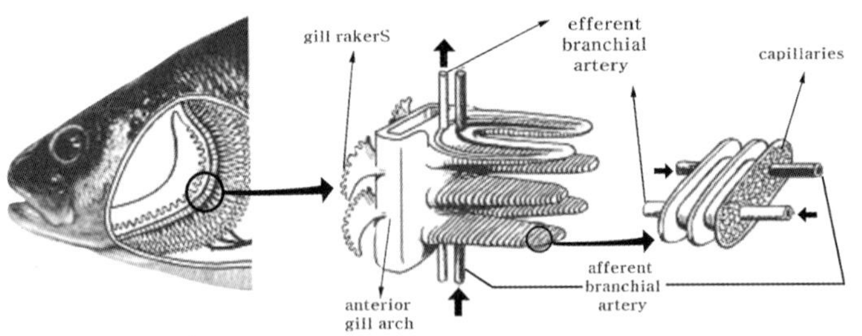

A sectioned portion of a gill filament

어류의 아가미(새사 단면)

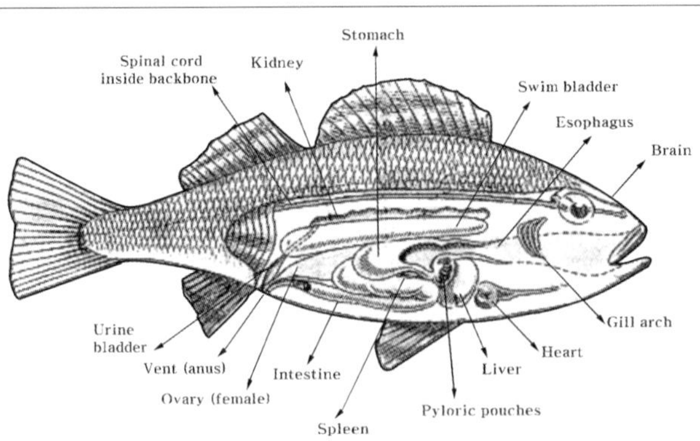

어류의 내부구조(오른쪽 측면)

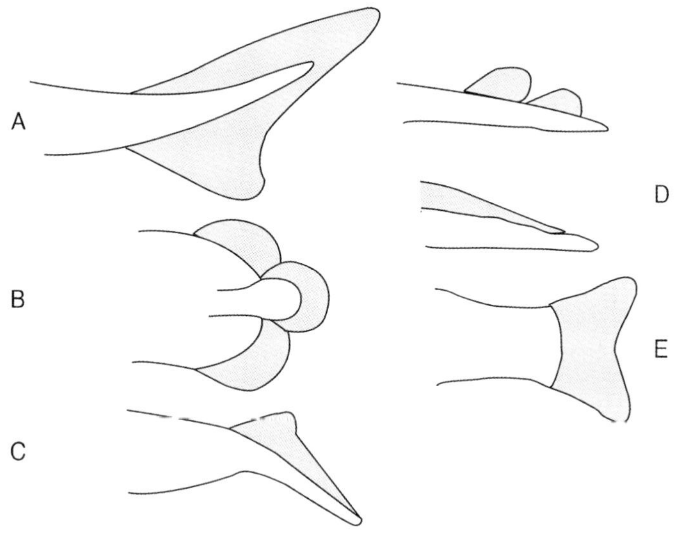

Types of tails found in fishes. The heterocercal tail (A) is typical of sharks and is correlated with a horizontal arrangement of the pectoral fins. Crossopterygian fishes (including the ancestor of tetrapods) have a diphycercal tail (B). The extinct anaspids (Ostracoderms) had a hypocercal tail (C) and the perch have a homocercal tail (E). Electric fishes such as the elasmobranch, *Raja* (Rayfish) or the teleost, *Gymnarchus* (electric eel) have tail musculature modified for producing an electrical charge and these muscles are not functional in locomotion. Consequently the tails have no caudal fins (D).

어류 꼬리의 종류

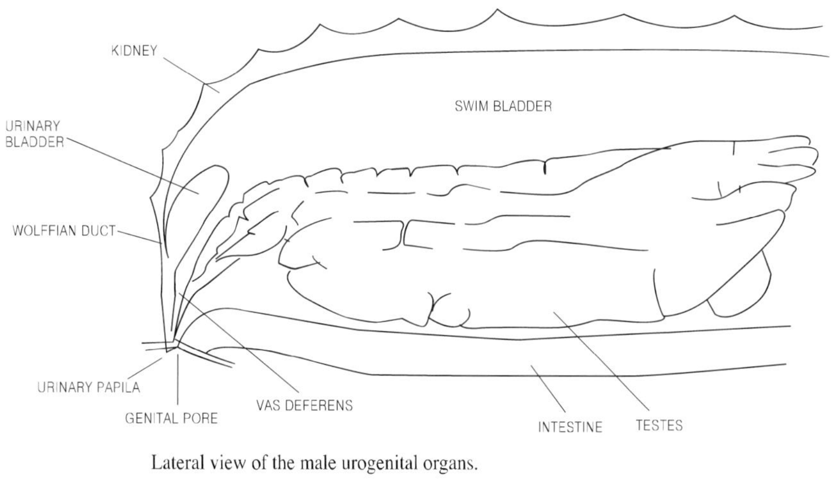

Lateral view of the male urogenital organs.

비뇨생식기관(수컷의 측면)

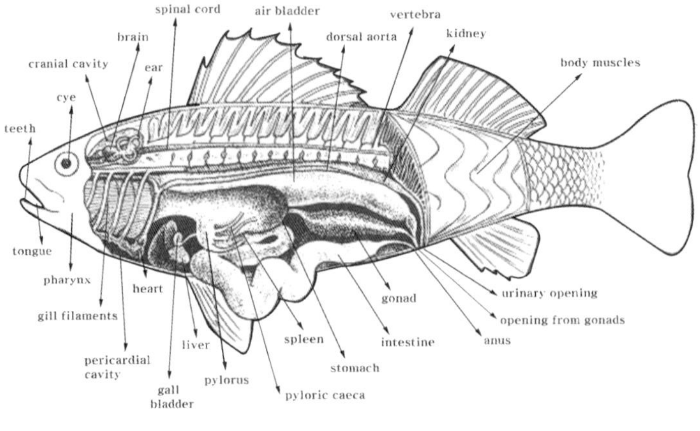

The internal structure of a yellow perch.

◉ 어류의 내부구조(왼쪽 측면) ◉

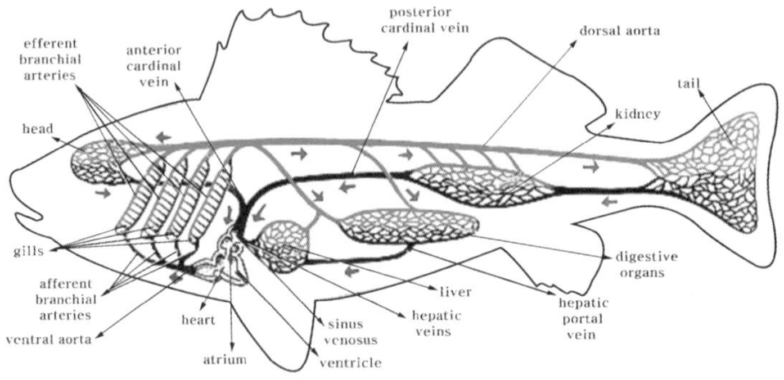

The circulatory system of a fish.

◉ 어류의 순환계통 ◉

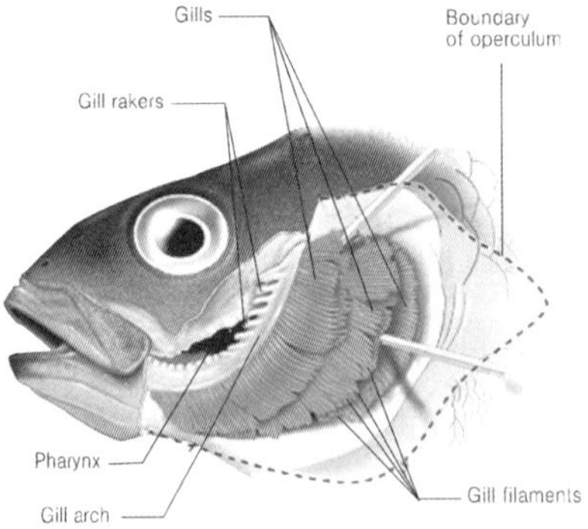

◉ 어류의 아가미 ◉

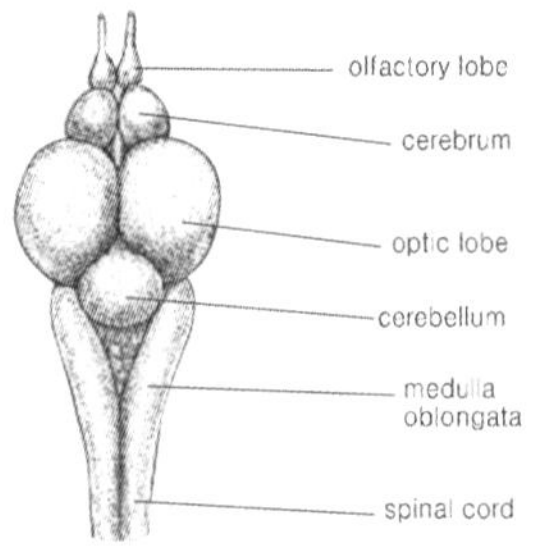

◉ 어류의 뇌 ◉

2) 개구리

External features of the frog.

Tympanic membrane 고막
Femur 대퇴골
Manus (hand) 앞발
Eye 눈
External Nare 콧구멍 (Outer nostrils)
Sacral vertebra 천추골
Pes 발 (5 digits 5 발가락), Digits (fingers)
Brachium (arm) 앞다리, 상박
Antebrachium (forearm) 팔뚝, 전박

개구리 외부형태

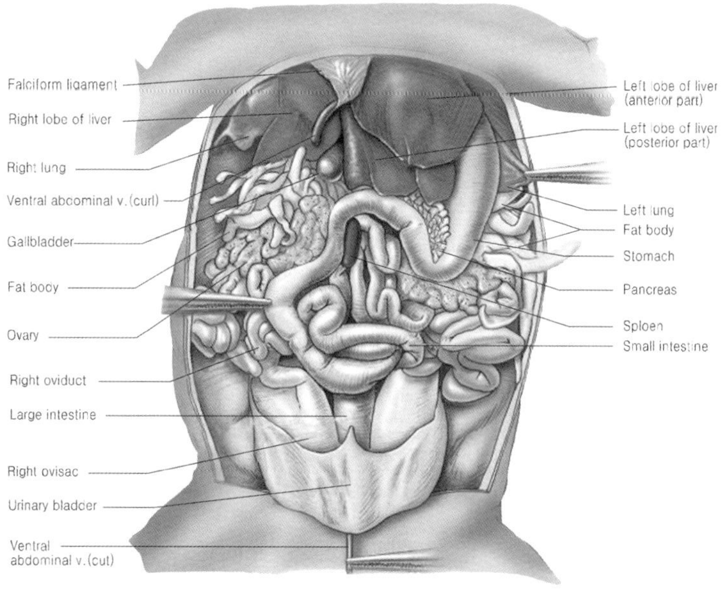

Pleuroperitoncal cavity of a female frog in ventral view. The smaller ovarise expose many of the viscera.

개구리의 내부구조(암컷)

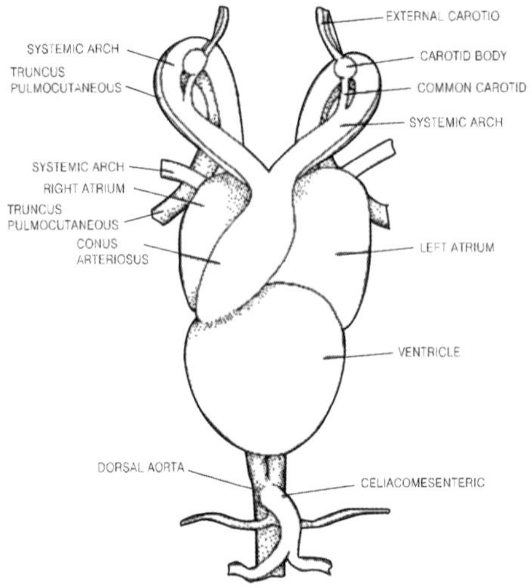

Frontal (ventral) view of the frog heart.

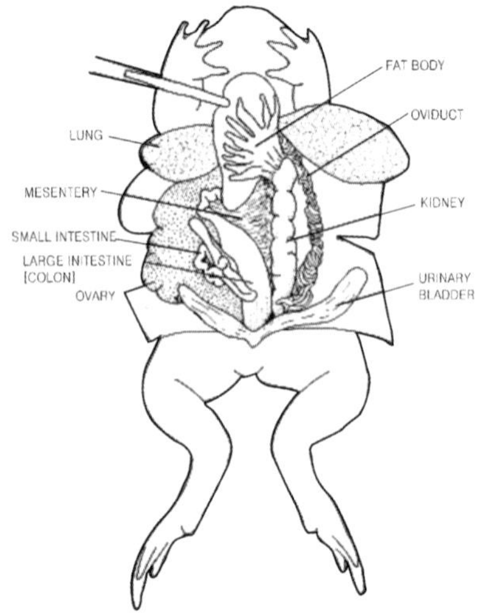

Female urogenital orgams.

개구리 심장

개구리 비뇨생식기관

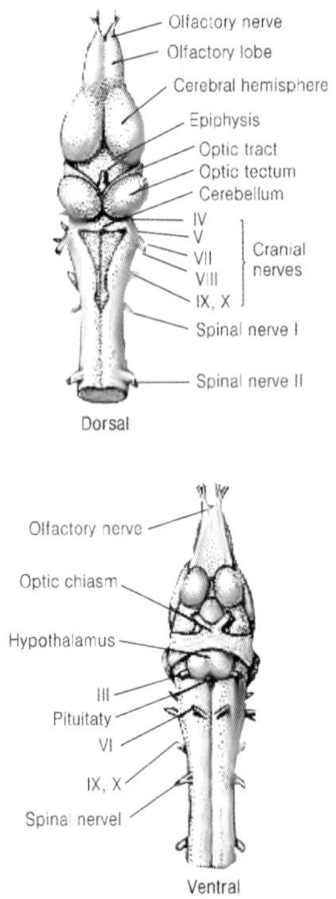

Brain of a Frog, dorsal and ventral views.

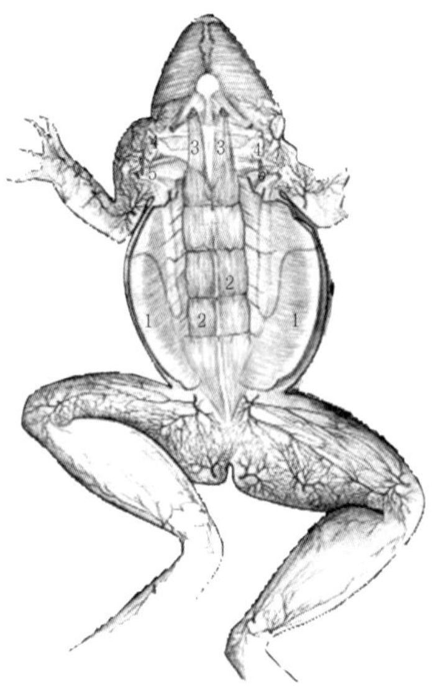

1. transverse abdominal muscles
2. vertical abdominal muscles
3. muscles to floor of mouth
4. sockets for attachment of arms
5. shoulder muscles

개구리 뇌(등쪽면과 배쪽면)

개구리 근육

3) 쥐

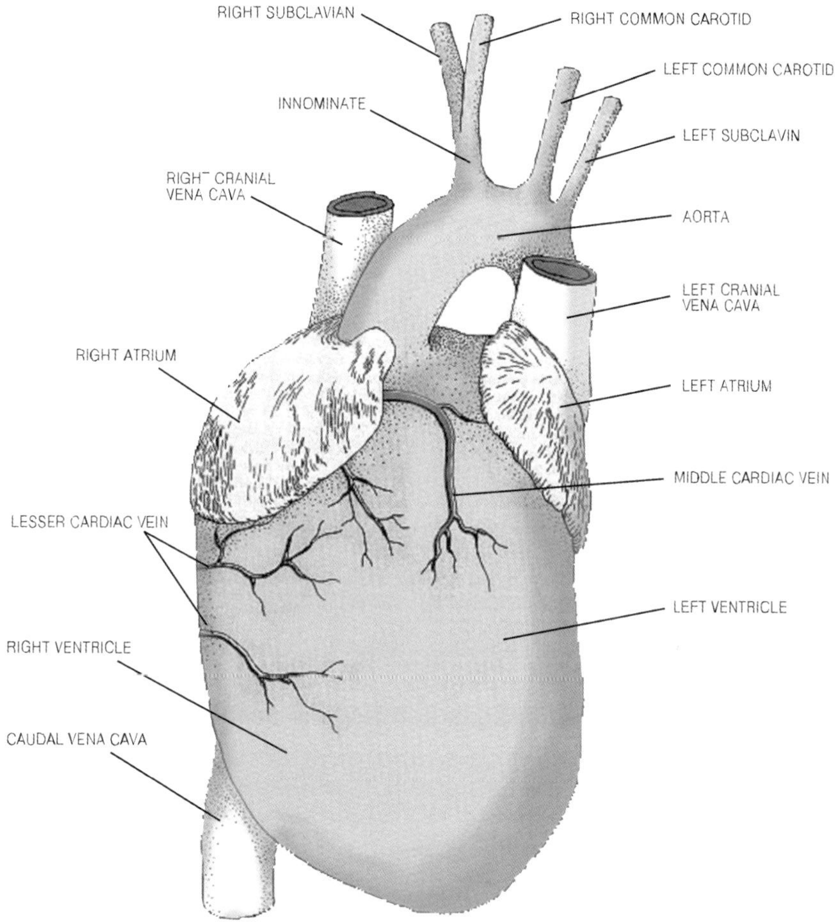

Frontal (ventral) view of the heart.

쥐의 심장 전면(배쪽면)

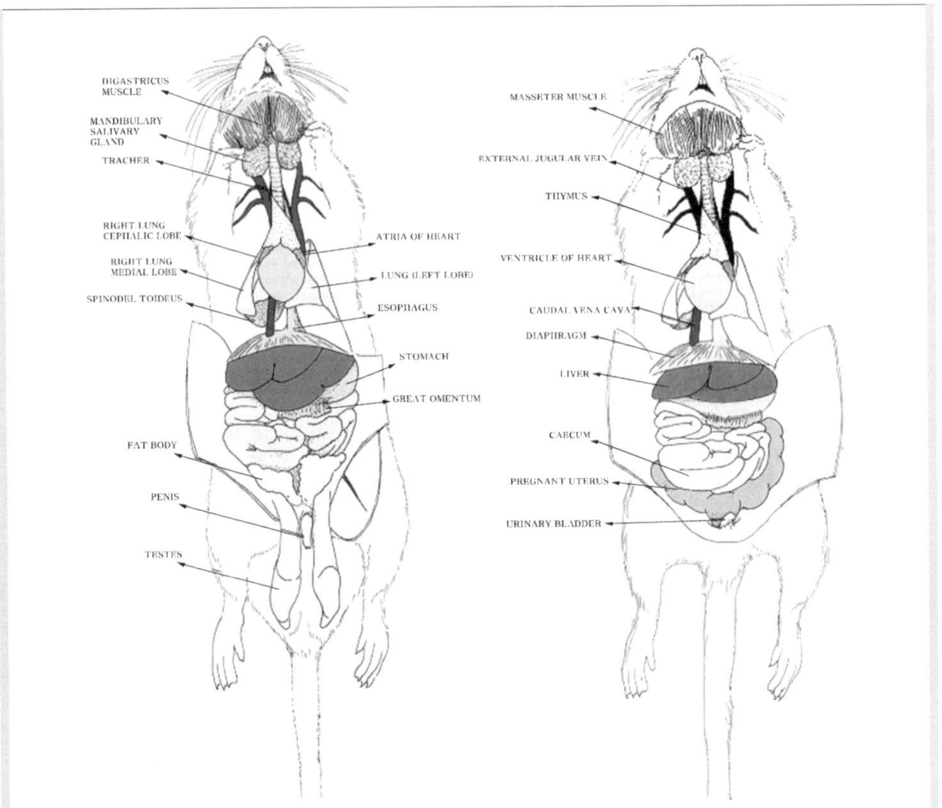

Ventral view of visceral structures in the male (left) and female (right) rats.

◉ 쥐의 소화기계통(수컷, 암컷) ◉

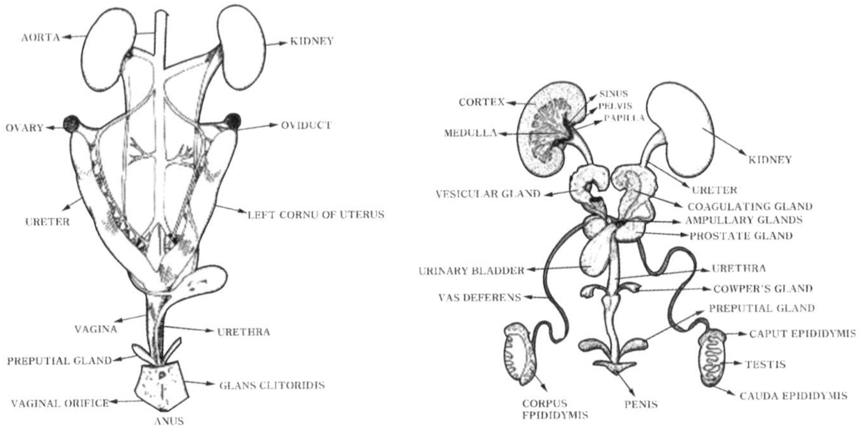

Female urogenital organs **Male urogenital organs.**

◉ 쥐의 비뇨생식기관(암컷, 수컷) ◉

실험기구 및 재료

경골어류, 개구리, 쥐, 해부기, 해부접시, 해부용 장갑, 고정핀, 증류수, 클로로포름, 마스크, 70% alcohol, 탈지면, 종이 타올

실험 방법

3) 쥐

(1) 마취병에 마취제인 클로로포름을 충분히 묻힌 탈지면이나 종이 타올을 넣는다.

(2) 흰쥐 한 마리를 마취병에 넣고 5분간 마취시킨다.

(3) 마취된 흰쥐를 꺼내어 해부접시 위에 배가 위쪽으로 향하게 놓는다.

(4) 고정핀으로 사지를 고정시킨 후 목 부위에서 항문 앞까지 배의 정중앙을 절개하는데 이때 생식기를 피해 절개한다.

(5) 목 부위에서는 전방으로 입까지 계속해 잘라 가고 입 주위를 등쪽으로 잘라 눈 앞쪽으로 절개해 나간다.

(6) 정중선에서 앞다리와 뒷다리 쪽으로도 약간씩 잘라간다.

(7) 잘린 부분을 완전히 편 후 증류수를 약간 뿌려 주어 씻은 후 내부기관을 관찰한다.

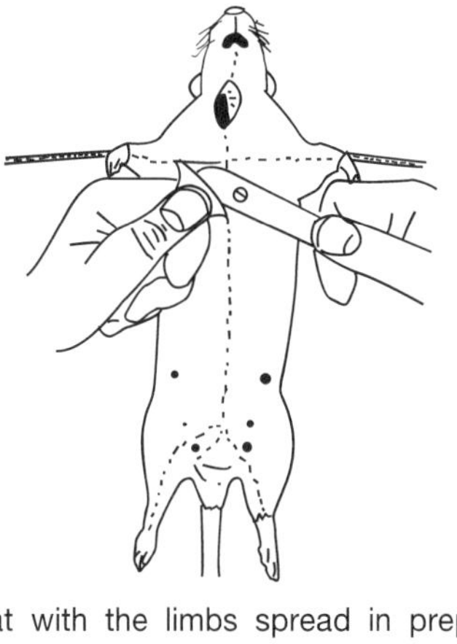

Ventral view of the rat with the limbs spread in preparation for skinning.

쥐의 목 부위에서 항문과 뒷다리 쪽으로 정중앙을 절개하는 모습

21 실험 척추동물의 해부

일반 생물학 실험서

제출일 :

대 학		학 과	
학 번		성 명	

결과 및 관찰

1) 경골어류의 외부와 내부기관들을 관찰하고 그림을 그린다.

2) 개구리의 외부와 내부기관들을 관찰하고 그림을 그린다. 소화기관, 생식기 등의 특징을 기술한다.

3) 쥐의 외부와 내부기관들을 관찰하고 그림을 그린다. 소화기관, 생식기 등의 특징을 기술한다.

: 고찰

◉ 포유류심장 비교 ◉

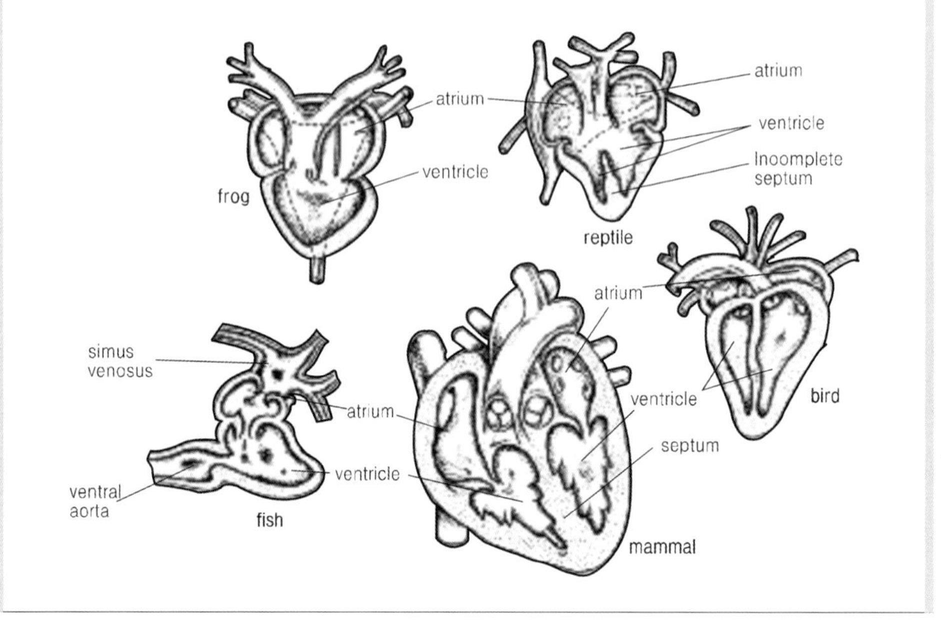

참고문헌

척추동물의 골격구조

목적

척추동물 중에서 경골어류, 개구리, 조류, 쥐의 골격 구조를 제작하고, 그 형태와 특징을 관찰한다.

이론 및 원리

1) 경골어류의 골격

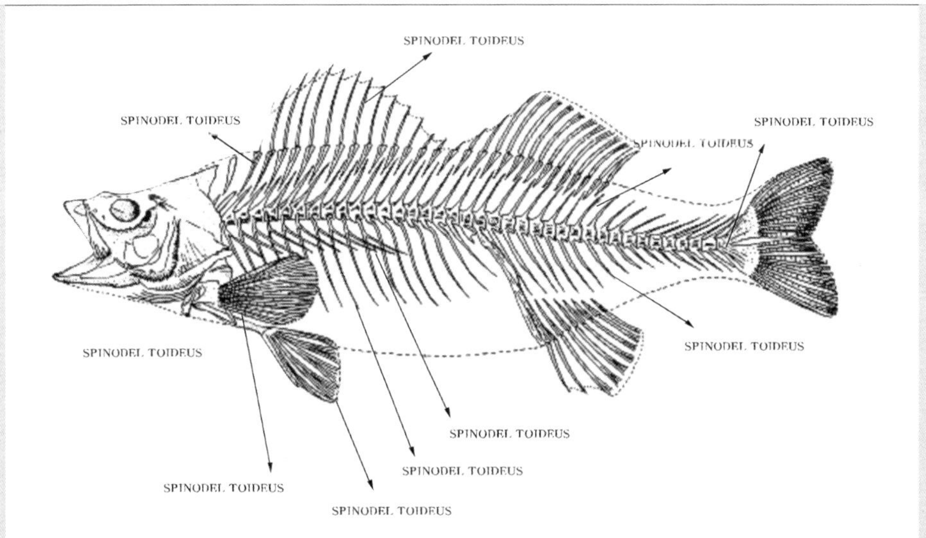

경골어류의 전체 골격(측면)

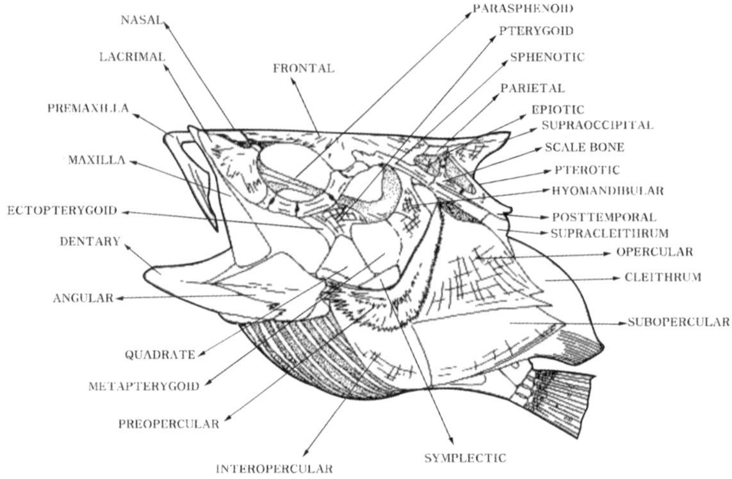

Lateral view of the skull.

어류 두골(측면)

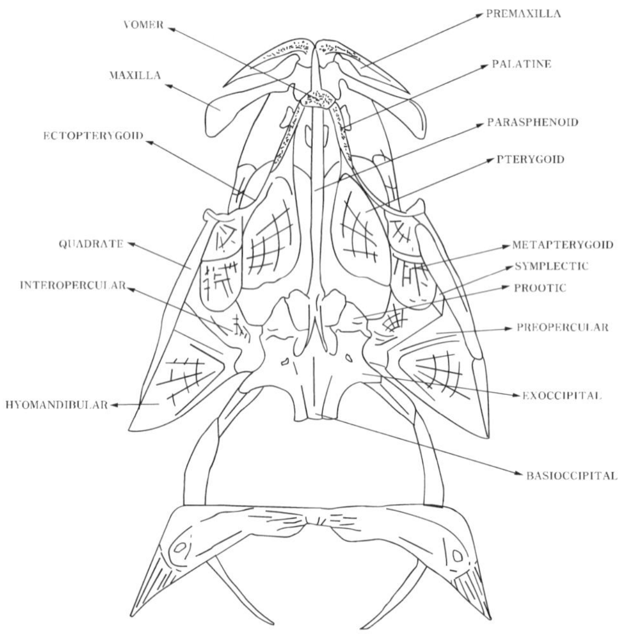

Ventral view of the skull with lower jaws, hyoid and branchial arches removed.

어류의 두골(등쪽면), 설골과 새궁

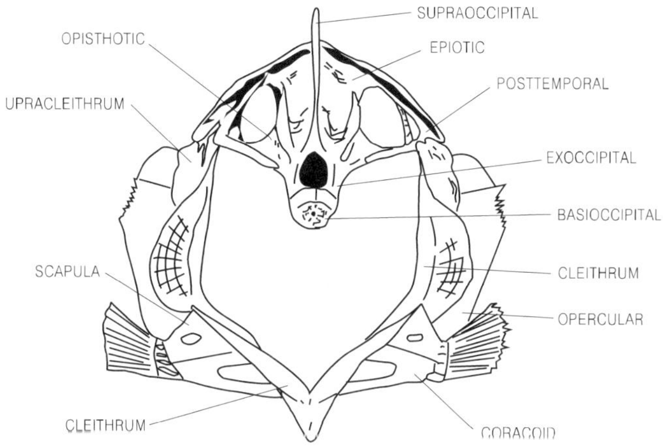

Caudal view of the skull and pectoral girdle.

어류 두골의 미부(뒤쪽), 가슴이음뼈(pectoral girdle)

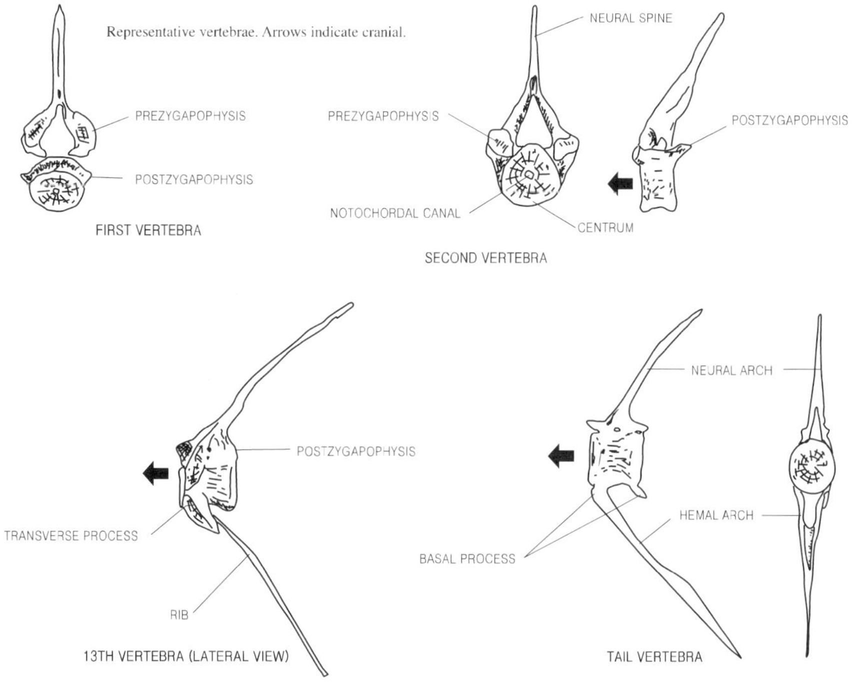

어류 척추골

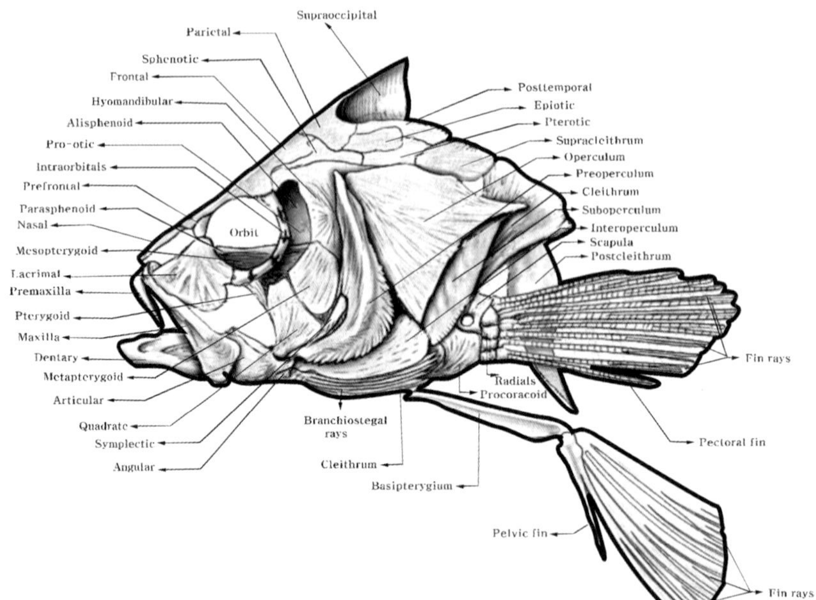

Skull and branchial skeleton of the perch in left lateral view.

경골어류(perch)의 두골, 새골의 측면

2) 개구리의 골격

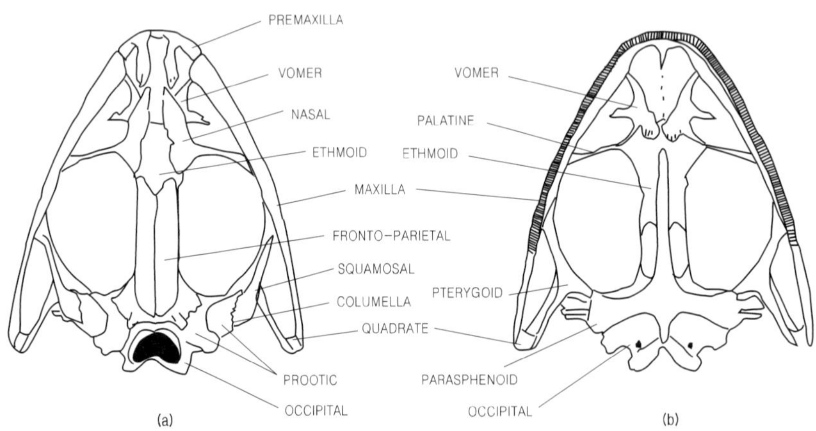

Skull of the leopard frog: (a) dorsal and (b) ventral views.

개구리 두골 : (a) 배면, (b) 복면

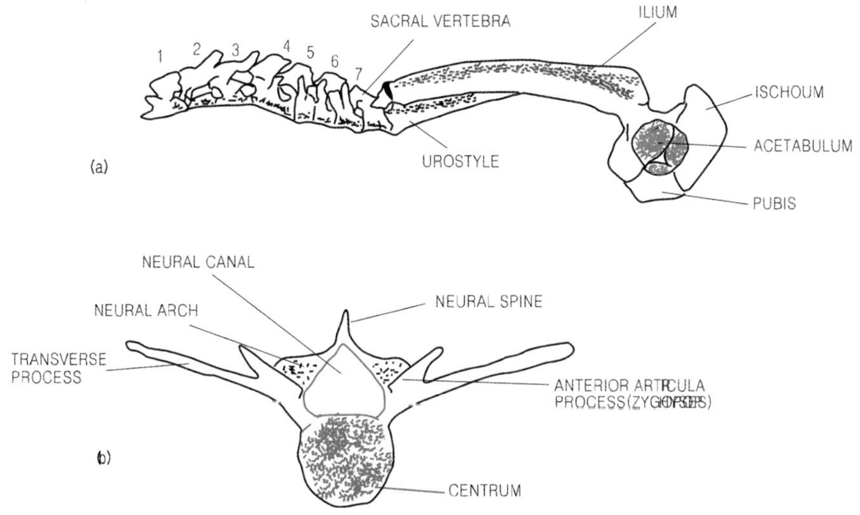

(a) Axial skeleton of the bullfrog in lateral view. (b) Frontal view of a trunk vertebra.

개구리 중축골격 측면 (a), 몸통 척추골의 전두면 (b)

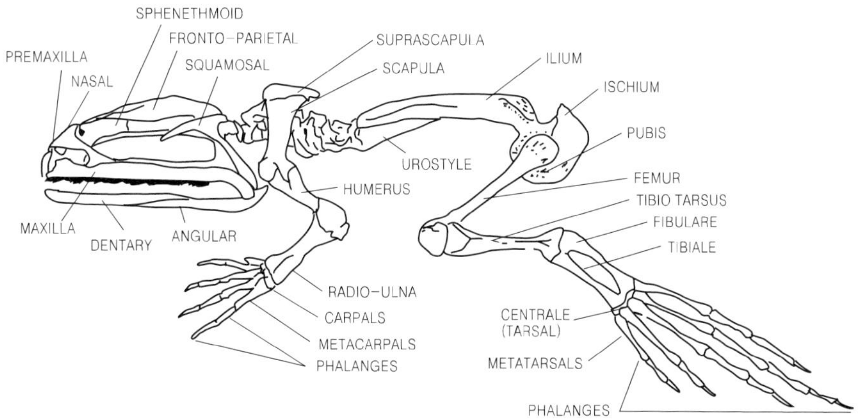

Lateral view of the bullfrog skeletom.

개구리 골격(측면)

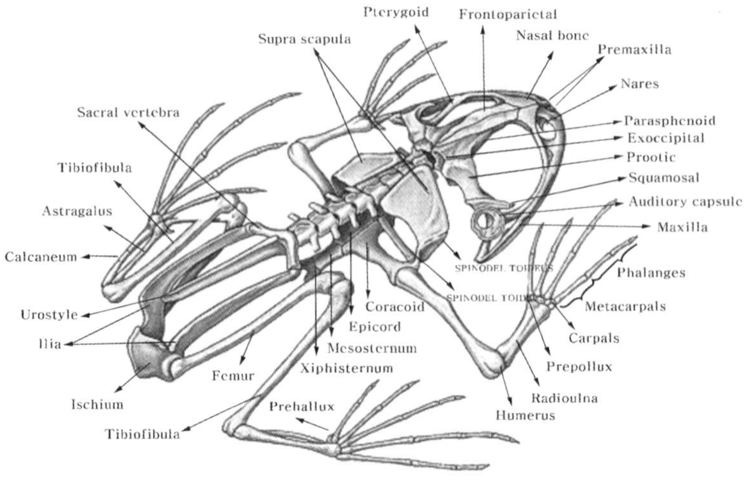

Skeleton of a bullfrog, Rana catesbeiana.

개구리의 팔뼈와 다리뼈

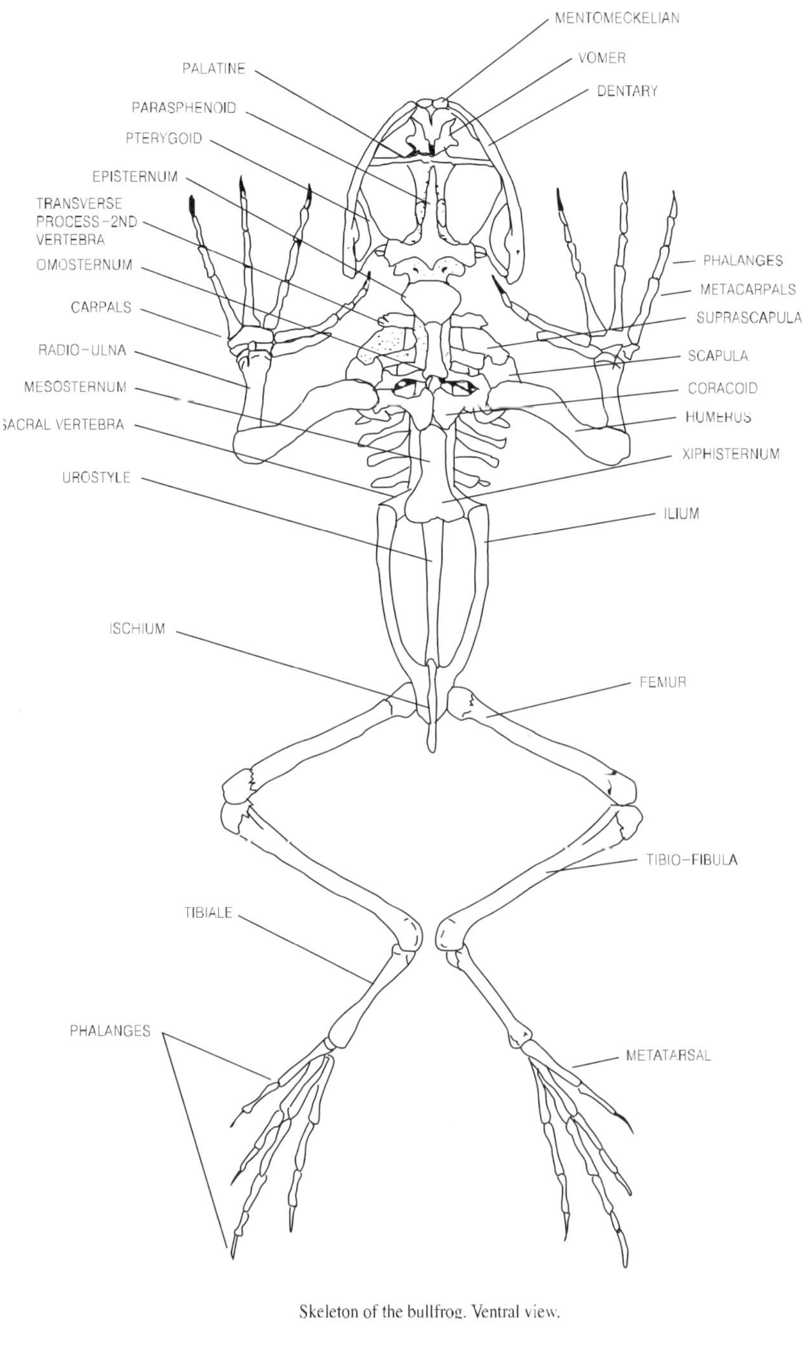

Skeleton of the bullfrog. Ventral view.

개구리 골격(배쪽면)

3) 조류의 골격

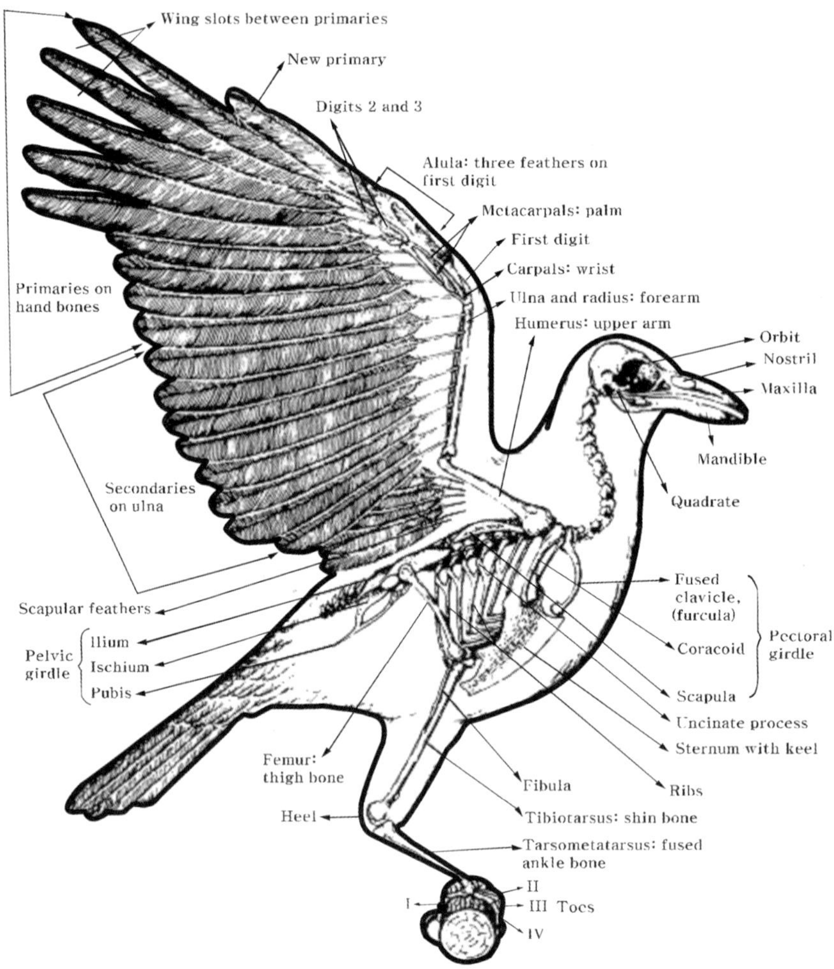

Skeleton of crow showing portions of the flight feathers.

조류(까마귀)의 깃털부분과 골격구조

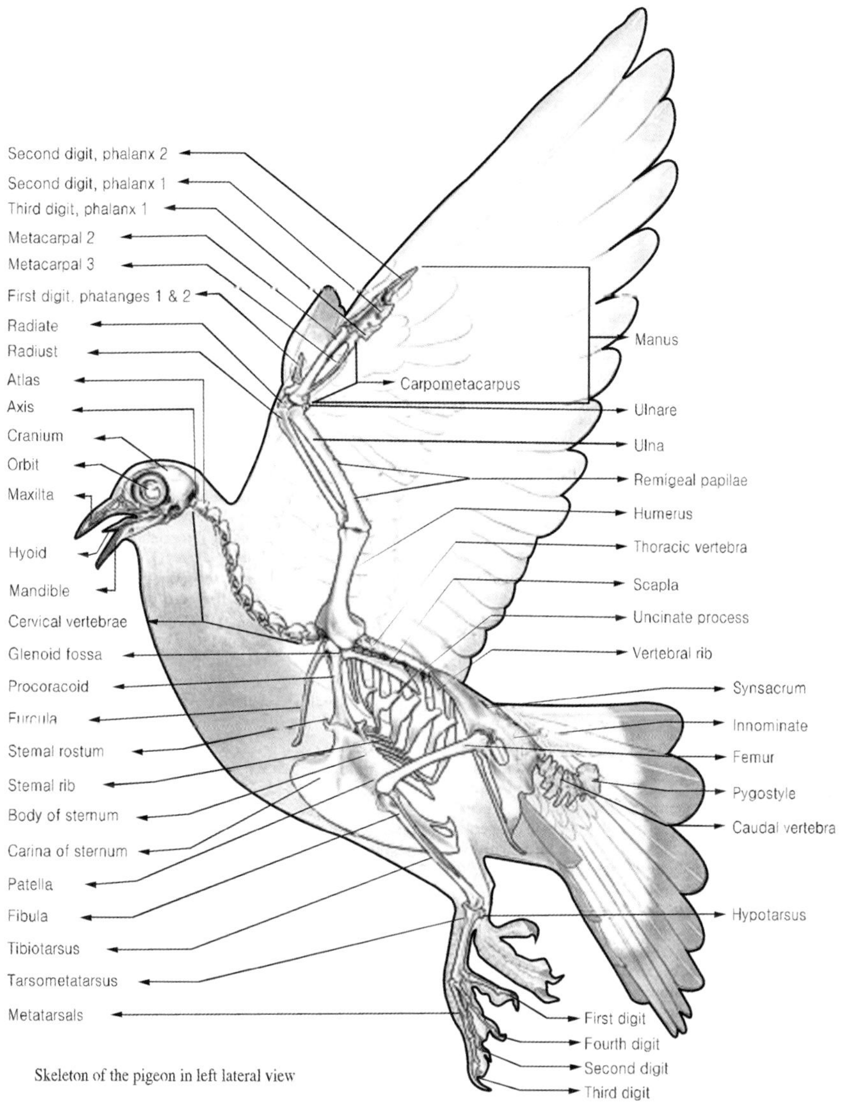

Skeleton of the pigeon in left lateral view

비둘기 골격(왼쪽 측면)

4) 쥐의 골격

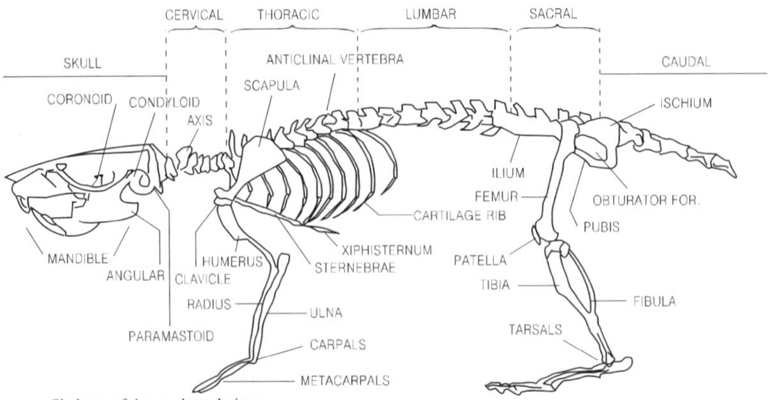

Skeleton of the rat, lateral view.

쥐의 골격(측면)

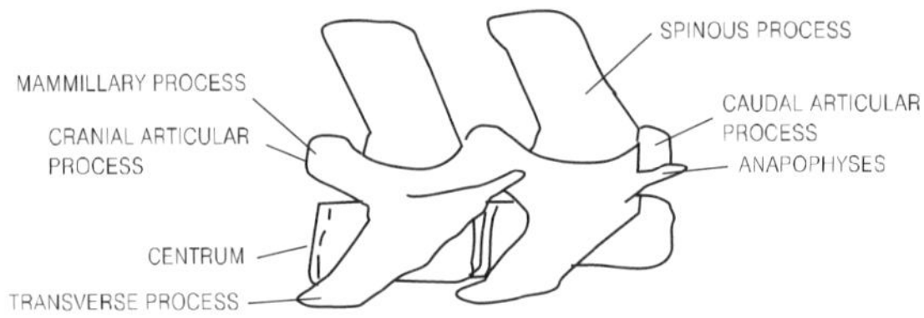

Lateral view of the lumbar vertebrae.

요추(측면)

실험기구 및 재료

경골어류, 개구리, 조류, 쥐, 해부기, 해부접시, 솔, 과산화수소, 접착제, 릭스, 실리콘

실험 방법

(1) 살아있는 동물을 뼈가 다치지 않게 마취제나 공기 주사를 이용해서 죽인다.

(2) 죽은 재료를 해부접시에 놓고 가죽이나 비늘, 큰 살점, 내장 등을 제거한다.

(3) 솥이나 큰 그릇에 물을 채우고 살점을 대충 제거한 재료를 넣은 다음 남아 있는 살점이 연해질 때까지 끓인다.

(4) 재료를 꺼내어 해부접시 위에 놓고 남은 살점을 제거한다. 잘 떨어지지 않는 살점이 있을 경우에 락스에 잠깐 동안 담갔다 꺼낸 후 강한 칫솔 등으로 문질러 주면 쉽게 제거할 수 한다. 이때 뼈와 뼈 사이의 인대도 완전히 제거하고 뼈가 서로 붙어 있던 자리와 뼈의 위치를 상세히 노트에 그려 놓는다.

(5) 완전히 살점이 제거된 뼈들은 서로 혼동되지 않도록 주의하면서 과산화수소 용액(H_2O_2 : 물 = 1 : 1, 표백제의 역할)에 1~2일 정도 담근다.

(6) 뼈를 용액에서 꺼내어 물로 씻은 후 그늘에서 말린나.

(7) 완전히 마른 뼈는 순간 접착제를 사용하여 정확한 위치에 붙인다. 이때 손실된 연골은 실리콘 등으로 형태를 복원하여 붙인다.

22 실험 척추동물의 골격구조

일반 생물학 실험서

제출일 :

대 학		학 과	
학 번		성 명	

결과 및 관찰

1) 전체 골격 구조의 그림을 그리고 각 뼈의 명칭을 적는다.

2) 어류, 양서류, 조류, 쥐의 각 골격의 특징을 기술한다.

고찰

뼈는 가장 튼튼한 결합조직이다. 단백질 섬유, 특히 아교질섬유 주변에 축적된 매우 단단한 무기염, 대표적으로 칼슘염의 기질로 구성된다. 무기염은 뼈를 튼튼하게 해주고 단백질 섬유는 콘크리트에서 강철봉의 역할처럼 탄력과 강도를 제공한다.
치밀골(compact bone)은 장골의 축을 구성한다. 골단위(osteon)라고 부르는 원추형 구조물 단위로 구성된다. 각 골단위의 중앙관은 단단한 기질로 둘러싸여 있다. 뼈 세포들은 기질 사이의 골소강(lacunae)이라고 부르는 공간에 들어 있다. 중앙관 내부의 혈관이 뼈가 재생될 수 있게 영양분을 운반한다. 소관(canaliculi) 안에 있는 뼈 세포들이 얇게 확장하면 세포들이 서로 연결되고 중앙관에 연결된다.
장골 양끝에는 해면골(spongy bone)이 있는데, 이 뼈는 완전히 다른 구조를 갖는다. 해면골에는 불규칙한 공간으로 분리되어 있는 뼈판(bony plate)이 들어 있다. 치밀골보다는 가벼워도 해면골 역시 강하게 만들어졌다. 건물을 지탱할 때 버팀대를 사용하듯 해면골의 단단한 부위가 압력을 받는 부위를 따라간다.

참고문헌

서식처

목적

생물이 살아가는 장소, 즉 서식처(棲息處, habitat)를 이해한다. 서식처는 생물들에게 하나의 자원(resources)이며, 그 다양성을 이해하고 분류할 수 있도록 한다.

이론 및 원리

서식처는 생물이 살아가는 장소로서 마치 주소가 있는 집(house)에 해당한다. 일정한 면적의 공간을 의미하며, 관계하고 있는 환경조건에 따라서 그곳에 살아가는 생물종들의 어우러짐(association)이 다른 것이다(Braun-Blanquet, 1965). 특히 생물이 서식하기에 유리한 조건(condition)과 자원(resource)을 포함하고 있는 서식처에서는 생물종들간의 서식처 점유와 개척의 경쟁이 매우 심하게 일어난다. 한편, 조건이 매우 불리하거나 자원이 결핍된 서식처에서는 그러한 조건과 자원 환경에 적응하고 대응 가능한 특질을 가진 종들만 관찰된다. 예를 들면, 해안 염습지에서는 높은 염도(salinity, 소금기 정도)와 과도하게 습한 토양 조건의 스트레스 때문에 특정 식물종들, 즉 스트레스-인내자(stress-tolerator)만 생육가능하다(Grime *et al*, 1988). '갈대'가 광활한 염습지에서 단순 우점하고 있는 경관을 관찰할 수 있는 것은 그런 이유 때문이다. 반면에 서식 환경이 양호한 산지 숲 속에는 다양한 식물종들이 섞여 나고 있는데, 이들은 자원에 대한 경쟁에서만 살아남는 경쟁자(competitor)들이다. 이처럼 어떤 장소에서 관찰되는 식물종들의 상관으로부터 서식처의 환경조건과 자원의 상태를 직간접적으로 가늠할 수 있다.

서식처는 충적지, 해안, 산지 등의 수준으로 구분하는 대서식처(macrohabitat)와 토질, 경사, 방위, 에너지 원천(인간간섭 포함) 등과 같이 생물종이 직접 경험하는 생육입지 환경으로부터 구분하는 미서식처(微棲息處 또는 小棲息處, microhabitat)가 있다. 본 장에서는 우리가 살고 있는 생활 환경 가까이에서 관찰할 수 있는 입지에 어떤 미서식처가 존재하는 지를 '미서식처 지도화'를 통해서 실험 목적을 성취한다.

※ 서식처란 용어는 영어 habitat(헤비테트)를 번역한 것으로 서식지(棲息地) 또는 자생지라고도 사용하고 있다. 하지만 본서에서는 생물이 사는 모든 장소를 의미하는 '서식처'란 용어를 채택한다. '서식지'라는 용어에서 한자 '지(地)'는 '땅, 육지'를 의미하며, 물속이나 해양 환경처럼 수환경(水環境)의 생물 서식 공간 또는 집(house, 또는 삶터)의 개념을 적용하기에는 한계가 있기 때문이다.

대학 캠퍼스 내에서 관찰할 수 있는 생물 서식처의 사례

에너지 원천에 따른 서식처 분류 범례(3가지)	서식처 소분류 범례 (6가지)
1. 인공 에너지원 서식처	1.1. 인공 공간 - 건물 1.2. 야생 공간 - 도로(답압, 踏壓), 담장
2. 반인공/반자연 에너지원 서식처	2.1. 단층 구조 - 잔디밭 초지 2.2. 다층 구조 - 교목, 아교목, 관목이 식재되어 있는 정원
3. 자연 에너지원 서식처	3.1. 육상 - 산지 또는 구릉지의 숲 3.2. 수계 - 물터(연못, 도랑 등)

실험실습 및 재료

그래프용지(모눈종이), 10가지 이상의 색연필, 클립보드, 실험 대상 장소의 디지털 지도, 줄자, 방위계, 디지털 카메라, GPS, 식물도감, 「서식처 분류 기준표」 등

실험 방법

1) 예비 실험

(1) 본 실험 이전에 서식처 범례에 대한 분류 기준을 숙지하도록 한다.

(2) 제공되는 디지털 항공사진 위에 전사용지(tracing paper)를 이용하여 서식처 범례에 따라 서식처 경계를 긋고, 범례에 대응하여 정해진 색연필로 각각의 범례에 해당하는 폐곡선(polygon)을 채색해 본다.

(3) 채색된 전사용지를 컴퓨터 이미지로 스캐닝을 한 후에 각종 그래픽 프로그램을 이용하여 서식처 지도를 완성한다. 컴퓨터 화상의 디지널 항공사진이 제공되는 경우에는 그래픽 프로그램을 이용하여 각각의 범례에 따라 서식처 지도를 막바로 제작하면 된다.

(4) 완성된 서식처 지도로부터 조사 지역 내에서의 서식처 다양성을 이해하고, 각각의 서식처형에 대한 면적과 그 구성비(%)를 산출한다.

2) 본 실험

(1) 3인 1조로 조(팀)를 구성한다.

(2) 예비실험을 통해서 숙지한 서식처 범례를 고려하여 조별로 캠퍼스 영역 내에서 길을 끼고 있는 일정 거리(distance)를 선정한다.

(3) 서식처 지도를 그릴 전체 범위는 길을 따라 길이 100m, 폭 10m 정도로 하고, 그 길을 따라 접하고 있는 장소의 서식처형(캠퍼스 서식처 범례의 분류 기준을 참조)이 점유하고 있는 구간(intercept interval) 길이(intercept length)를 실측해서 「서식처 실측데이터 조사표」에 기입한다.

(4) 각 서식처형으로 판정된 길이 내에서의 우점 식생형(식물군락 또는 우점하는 식물종)을 함께 기록하여 결과 해석에 도움을 얻는다.

(5) 「서식처 실측데이터 조사표」에 따라 서식처 지도의 원도(原圖)에 채색한다. 이 경우에 각 서식처형에 대하여 색연필의 색깔을 미리 지정해서 사용함으로써 혼란을 방지한다. 예를 들면, 잔디밭-초록색, 건물-회색, 길-흙색 등등.

(6) 서식처형은 선형(線型)으로 길이로 측정하고, 전체 100m 구간 속에서의 구성비를 산출해 둔다. 면적일 경우에는 전체 면적($100 \times 10\ m^2$)에 대한 구성비를 구한다.

(7) 준비된 「서식처 다양성 결과 분석표」를 작성하고, 결과를 해석한다.

「서식처 실측데이터 조사표」

장소명:		구간명: ~ (100m)	
일시: . . .		조사팀(구성원):	
일련번호	구간길이 intercept length (m)	서식처형 microhabitat (범례)	우점 식생 dominant vegetation
①	0 ~ m	•	
②	~ m	•	
③	~ m	•	
④	~ m	•	
⑤	~ m	•	
⑥	~ m	•	
⑦	~ m	•	
⑧	~ m	•	
⑨	~ m	•	
⑩	~ m	•	
⑪	~ m	•	

* 위의 표는 「서식처 실측데이터 조사표」의 샘플이다. 출현하고 있는 서식처형의 다변성(종류와 공간적 반복 출현 양식)에 따라 일련번호는 증감하며, 구간의 총 길이는 100m 이내로 한다.

「서식처 다양성 데이터 결과분석표」

소속:	조원(1)	학번:	이름:
	조원(2)	학번:	이름:
	조원(3)	학번:	이름:
A 지역명:			
B 지역명:			

서식처형(범례)	실험 A 지역		실험 B 지역	
	길이(m)	관찰 식생형	길이(m)	관찰 식생형
총계	100m (100%)		100m (100%)	

23 실험 서식처

일반 생물학 실험서

제출일 :

대 학		학 과	
학 번		성 명	

결과 및 관찰

힌트

「서식처 다양성 데이터 결과분석표」를 이용하여

1) 조원 간의 충분한 토론을 거쳐서 데이터분석 결과를 간략하고 이해하기 쉽도록 정리한다.
2) 분석하는 동안 알아낸 모든 정보를 담아내도록 한다.
3) 아래 물음에 답을 구할 수 있도록 염두에 두고서 실험에 임하고 결론에 도출하도록 한다.
   (1) 얼마나 다양한 서식처형이 관찰되었으며, 다른 조들과 비교했을 때 그 차이는 무엇이며, 그 이유는 무엇인지 추정한다.
   (2) 가장 흔한 서식처형와 가장 희귀한 서식처형는 무엇이며, 각각의 경우의 원인은 무엇인가?
   (3) 서식처와 식생과의 관계에서 어떤 특이성이 있는가?
   (4) 실험을 하는 중에 방법이나 결과에서 어떤 실수가 있었는가?
   (5) 실험을 통해서 새롭게 제기되는 의문점은 무엇인가?

고찰

참고문헌

김종원, 이율경. 2006. 식물사회학적 식생조사와 평가방법. 월드사이언스. 서울.

Barun-Blanquet, J. 1965. Plant Sociology. The Study of Plant Communities. New York.

Grime, J.P., J.G. Hodgson, and R. Hunt. 1988. Comparative Plant Ecology. Unwin Hyman, London.

Miller, A.H. 1942. Habitat selection among higher vertebrates and its relation to interspecific variation. Amer. Natr. 76: 25-35.

Mueller-Dombois, D. and H. Ellenberg. 1974. Aims and Methods of Vegetation Ecology. John Willy & Sons. New York.

Spellerberg, I.F. 1992. Evaluation and Assessment for Conservation. Chapman & Hall. London.

고찰을 위한 도움글

모든 생물종의 분포는 서식처에 대한 특이성을 가지고 있다(Miller, 1942). 생물종은 아무 곳에서나 우연히 분포하는 것이 아니고, 분포하는 생태적 이유가 분명이 존재한다는 것이다. 이러한 종-서식처 관계를 가장 분명하게 이해하기 위해서 서식처에 대응하는 식물종의 분포를 면밀히 관찰하면 된다. 위의 실험에서 얻어진 결과를 다음과 같은 표로 작성해 본다면, 그러한 종-서식처의 관계를 명확히 이해할 수 있다(김종원, 이율경, 2006). 예를 들면, '잔디밭 초지'라는 서식처는 '종 c'가 특징적이라 할 수 있다. 즉 잔디밭은 사람이 주기적으로 벌초를 해주어야만 유지되는 서식처인데, '종 c'는 그러한 인간간섭이 있는 곳에서 경쟁력을 가지고 살아남은 종이다. 만약에 잔디밭이 더 이상 관리되지 않고 장기간 방치된다면 천이가 진행될 것이고, '종 c'는 도태되고 말 것이다. 잔디밭 서식처는 직사광선에 직접 노출되어 있는 단층 풀밭으로 그러한 서식환경에 대응하는 생물상이 유지되는데, 풀무치와 같은 많은 초식성 곤충들은 그러한 초지 환경에서 살아간다. 결론적으로 서식처 다양성에 대한 실험을 통해서 적어도 다음과 같은 두 가지 사실을 알 수 있다. 첫째로 생물종 보존을 위해서는 계통분류학적 종 보존 노력과 더불어서 반드시 그 종의 서식처에 대한 특이성을 깊이 있게 이해하고 있어야만 가능하다는 것이다(Spellerberg, 1992). 둘째는 비록 주기적인 인간간섭이 미치는 잔디밭과 같은 서식처라 할지라도, 그곳도 그 나름 생물종다양성과 생태계 기능을 가지고 있는 생물 서식 공간이라는 것이다. 즉 초지라고 해서 몹쓸 땅이 아니며, 암벽 노두라고 생물 서식처로서 가치가 낮은 서식처가 아니라는 것이다. 이처럼 생물 서식처에 대한 현장적 이해는 사람의 집(house)에 대한 이해와 동일한 것이다. 서식처에 대한 이해 없이 생물종의 보존을 논의한다면, 그것은 사람이 사는 주택 문제를 배제하고 인간의 문제를 논의하는 것과 같은 형국이다. 따라서 생물종의 문제는 반드시 생물 서식처에 대한 배려가 수반되는 생태적 문제라는 것이다. 구조와 기능이 온전치 못한 서식처에서는 생물종 보존이나 복원은 궁극적으로 성취될 수 없다.

서식처형에 대응하여 출현하는 종조성의 사례

+(플러스) 기호는 해당 서식처 속에서 나타나는 출현하는 종의 개체수 또는 피도 정도(강: +++, 중: ++, 약: +)를 의미

출현 식물종	서식처형							
	인공에너지원 서식처			반인공/반자연 에너지원 서식처		자연 에너지원 서식처		
	인공공간	야생공간		단층구조	다층구조	육상	수계	
	건물	길	담장	잔디밭 초지	정원	숲	연못	도랑
a 종	+++	+	+					
b 종	+	+++	+	+	+			
c 종			+	+++	+			
d 종				+	+++			
e 종					+	+++		
f 종							+++	+
g 종								++
h 종	+	+			+	+		
i 종	+	+	+	+	+	+		
j 종							+	+

생물종다양성

목적

인간간섭을 포함한 여러 가지 환경 교란 요소에 의하여 생물종다양성은 크게 위협을 받고 있다. 그러한 생물종의 서식환경 조건에 따라 생물종다양성에 차이가 있고, 나아가서는 잠재적으로 자원이 되는 생물종이 유실하게 된다. 이와 같은 생물종다양성에 대한 양적 평가 수단인 종풍부도, 종다양도, 종균질도 등을 이해한다.

이론 및 원리

생물과 그들을 둘러싼 환경과의 상호관계 규명을 하기 위하여 우선적으로 어떤 장소(spatial distribution)와 어떤 시간(temporal distribution)에 분포하고 있는 생물상(biota)의 구조를 이해해야 한다. 그래서 '어떤 생물종이 분포하고 있는가', '얼마나 많은 종이 분포하는가', '어떤 방식으로 분포하는가', '그렇게 분포하는 데에는 어떤 환경 요소가 작용하고 있는가' 등은 생물분포에 대한 가장 기초적인 생태학적 물음이다. 본 장에서는 주어진 영역 내에서 생물다양성을 평가하기 위하여 종조성(species composition)으로부터 종풍부도(species richness), 종다양도(species diversity), 종균질도(species evenness)를 정량적으로 산출하는 방법을 학습한다.

종풍부도는 단순하게 출현 생물종의 총 숫자로 표현하는 경우도 있지만, 전체 출현 종수에 대한 풍부도 지수(richness index)나 전체 개체수로도 나타내기도 한다. 종다양도는 얼마나 다양한 종들이 출현하고 있는가를 종의 출현 유무(有無, absent and present)를 토대로 상대적 종풍부도(relative abundance of species)와 상대적 종균질도(relative dominance)의 속성을 통합하고 있다. 따라서 1종이 출현하는 경우는 종다양도는 제로(0)이다. 종균질도는 우점도(dominance)에 대응되는 척도인데, 각 종들의 수도(數度, abundance)가 얼마나 유사한 지를 나타낸다. 모든 출현 종의 수도가 유사하다면 균질도는 '1'이 되며, 수도 값이 아주 다르면 그 값은 1보다 적은 값을 나타낸다. 종풍부도, 종다양도, 종균질도 등을 산출하는 방법은 많은 학자들에 의하여 다양하게 개발되어 있지만, 본 장에서는 가장 일반적으로 이용되고 있는 산출 방법을 학습한다.

종풍부도 산출 공식

$$SR = \frac{S-1}{\log N} \text{ (Margalef, 1951) 또는 } SR = \frac{S}{\sqrt{N}} \text{ (Menhinick, 1964)}$$

SR (Species richness) : 종풍부도
S (Species) : 샘플 방형구(조사구)의 크기(면적) 속에서 출현한 전체 종수
N (Number) : 전체 개체수

종다양도 산출 공식

Simpson 다양도지수 $D = \sum_{i=1}^{S} P_i^{\,2}$ (Simpson, 1949) 또는

Shannon-Weiner 다양도지수 $D = -\sum_{i=1}^{S} P_i(\log_e P_i)$ (Pielou, 1966)

D (Species diversity) : 종다양도
P_i (Proportion of ith species) : i번째 종의 비율(상대 수도), $P_i = \frac{n_i}{N}$
n_i는 방형구(조사구) 내에서 i번째 종의 개체수 비율
N (Number) : 전체 개체수

종균질도 산출 공식

E (Species Evenness, 종균질도) : 종풍부도 또는 종다양도를 이용하여 산출

$$E = \frac{D}{\ln(SR)}$$

SR (Species richness) : 종풍부도

D (Species diversity) : 종다양도

실험기구 및 재료

방형구(quadrat) 막대, 식물분류도감, 식물채집도구, 실체현미경, 루페, 현장 「생물종다양성조사표」 용지, 「종다양성데이터분석표」, 전자계산기 등

실험 방법

1) 예비실험

세 가지의 생물다양성 척도, 종풍부도, 종다양도, 종균질도를 산출하는 방법을 익히고, 각각의 척도가 가지는 속성을 이해하기 위하여 명백하게 대비가 되는 다섯 가지 경우를 설정하여 예비 실험을 통해 그 값을 산출해 본다.

A-식물군락 : 출현종 10종, 제1번 종이 91개체, 다른 9개 종은 모두 1개체씩 출현한 경우

B-식물군락 : 출현종 10종, 모든 종들이 각각 10개체씩 출현한 경우

C-식물군락 : 출현종 10종, 제1번 종부터 10번 종까지 출현 개체가 각각 29, 19, 14, 11, 9, 7, 5, 3, 2, 1인 경우

D-식물군락 : 출현종 10종, 모든 종들이 각각 50개체씩 출현한 경우

E-식물군락 : 출현종 5종, 각 종이 20개체씩 출현한 경우

2) 본 실험

(1) 실험을 시작하기 전에 위의 예비실험을 풀어본다.

(2) 데이터 수집을 위해서 필요한 「생물종다양성조사표」를 준비한다.

(3) 데이터 수집을 위하여 조(팀)를 구성한다.

(4) 각 조는 각기 다른 식물군락을 선정하여 방형구를 설치하고 데이터를 측정한다.

(5) 실내에서 생물다양성 척도 세 가지를 전자계산기나 컴퓨터 연산을 이용하여 계산한다.

- 계산을 용이하게 하기 위하여 잘 준비된 「종다양성데이터분석표」를 만든다.
- 각각의 방형구에서 획득된 데이터에서 세 종류의 척도를 아래 제시된 공식에 따라 산출하여 「생물종다양성 결과분석표」에 기입한다.

(6) 조별 구성원 개개인은 개별 점수를 받기 위해서 각각의 척도에 대하여 직접 산출하는 것을 보여주도록 준비한다.

사 례

- 잡초가 섞여 나고 있는 잔디밭 두 군데(잡초관리가 잘된 곳과 덜한 곳)를 선정하고, 각각의 장소에 1m×1m 크기의 방형구를 설치한다.
- 종의 누락과 출현 종의 수도(개체수)를 정확하게 측정하기 위해서 방형구 내에 10cm×10cm 격자 눈금으로 구획지어서 관찰하는 것이 유리하다.
- 격자(100개) 내에서 관찰되는 모든 종을 현장 「생물종다양성조사표」에 기재한다. 여기에서 「생물종다양성조사표」는 방형구 전체를 대상으로 조사할 수도 있으며, 방형구 내의 각 격자별로 조사할 수도 있다. 각 격자별로 조사한 경우에는 100개의 격자에서 얻어진 자료를 모두 통합하여 분석하면 된다.
- 현장에서 동정에 어려움이 있는 종에 대해서는 임의의 이름이나 기호를 이름 대신 부여하여, 수도(개체수)를 측정한다. 실내에서의 분류 동정을 위하여 표본을 채취하고, 이 경우에는 방형구 밖에 분포하고 있는 개체를 채집한다.

- 목록화된 모든 종에 대하여 지상부에 드러난 수도를 측정하여 기록한다.
- 수도는 방형구 내에서의 개체수, 포기수, 방형구 내에서 공간을 덮고 있는 % 피도 등을 이용한다. 특히 피도를 이용할 경우에는 보다 정확하게 측정하기 위하여 디지털 사진으로 찍어서 컴퓨터 영상 분석으로 피도값의 해상도를 높이도록 한다.
- 유효한 데이터를 수집하도록 서두르지 말고 충분한 시간을 가지고 한다.

현장 「생물종다양성조사표」

방형구 번호:	식물군락:		장소:
일시: . . .	조사자:		
종명	개체수 또는 피도	종명	개체수 또는 피도
•		•	
•		•	
•		•	
•		•	
•		•	
•		•	
•		•	
•		•	
•		•	
•		•	
•		•	
•		•	
•		•	
•		•	
•		•	

* 위의 표는 「생물종다양성조사표」의 샘플이다. 출현종 수에 따라서 변경해서 사용한다.
* 출현종의 피도는 피도계급으로 대신할 수 있다.

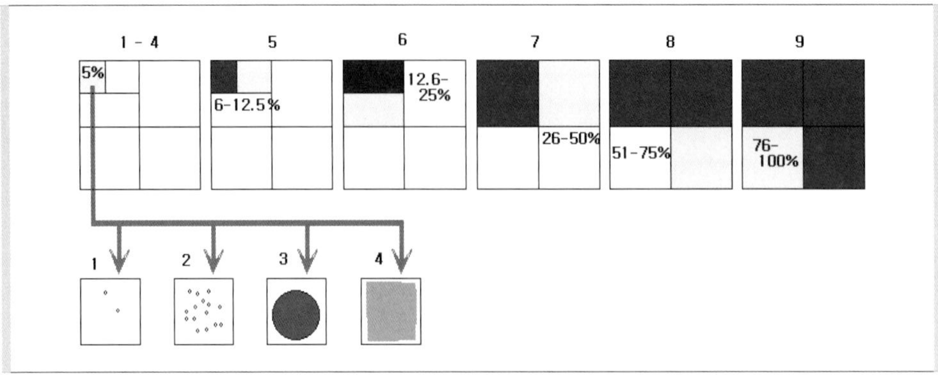

◎ **단위 면적 속에서 출현하는 식물종의 피도 계급(1~9) 판정법** (김종원, 이율경, 2006) ◎

◎ **「종다양성데이터분석표」** ◎

식물군락(장소, 서식처) A			식물군락(장소, 서식처) B		
과명	종명	개체수	과명	종명	개체수
•			•		
•			•		
•			•		
•			•		
•			•		
•			•		
•			•		
•			•		
•			•		
•			•		
•			•		
•			•		
•			•		
•			•		
총출현종수:	총개체수:		총출현종수:	총개체수:	

* 위의 표는 「종다양성데이터분석표」의 샘플이다. 출현종 수에 따라서 변경해서 사용한다.

「생물종다양성 결과분석표」

소속:	학번:	이름:

생물다양성 척도	식물군락 A	식물군락 B	식물군락 C
총출현종수			
총개체수			
Margalef(1951)의 풍부도 (*SR*)			
Menhinick(1964)의 풍부도 (*SR*)			
Simpson 다양도 (*D*)			
Shannon-Weiner 다양도 (*D*)			
종균질도 (*E*)			
우점도(높음/낮음)			
상대적 다양성(높음/낮음)			

24 실험 생물종다양성

일반 생물학 실험서

제출일 :

대 학		학 과	
학 번		성 명	

결과 및 관찰(이하 별지)

힌트

1) 데이터 분석 결과를 간략하고 이해하기 쉽도록 정리한다.
2) 분석하는 동안에 알아낸 모든 정보를 담아내도록 한다.
3) 아래의 물음을 염두에 두고서 결론을 도출하도록 한다.
   (1) 식물군락이 발달하고 있는 서식처의 환경조건(인간간섭 포함)에 따라 종조성에 어떠한 차이가 있는가?
   (2) 어느 식물군락에서 종다양성이 가장 다양할까?
   (3) 비교 분석된 식물군락 두 개(또는 세 개) 모두가 아주 유사하게 평가되었다면, 인간간섭(잔디밭일 경우에 잡초관리) 정도에 따라 어떤 차이를 보이는가?
   (4) 어떤 종이 우점하고 있는가?
   (5) 세 가지 생물다양성 척도의 값이 크고 작은 것은 무엇을 뜻하는가?
   (6) 실험을 진행하는 동안에 방법에서나 결과에서 어떤 실수가 있었는가?

고찰

참고문헌

김종원, 이율경. 2006. 식물사회학적 식생조사와 평가방법. 월드사이언스. 서울.

Margalef, R. 1951. Diversidad de especies en las comunidades naturales. Publners. inst. Biol. apl., Barcelona, 6: 59-72.

Menhinick, E.F. 1964. A comparison of some species-individuals diversity indices applied to samples of field insects. Ecology 45: 859-861.

Pielou, E.C. 1966. The measurement of diversity in different types of biological collections. Journal of Theoretical Ecology 13: 131-144.

Simpson, E.H. 1949. Measurement of diversity. Nature 163 (688).

Tilman, D. 1982. Resource Competition and Community Structure. Princeton University Press, Princeton, NJ.

고찰을 위한 도움글

아래 설명을 참고로 실험한 결과에 대하여 조원들과 면밀히 고찰하고, 그 내용을 간략하게 정리한다.

※ 일반적으로 어떤 공간이 넓으면 넓을수록 그 속에 서식하는 생물의 종수(species)와 개체수(individual)는 많을 것이다(김종원, 이율경, 2006). 이것은 환경조건이 일정하면서 이용가능한 자원이 풍부하다면, 면적과 종수 또는 개체수와의 관계는 일반적으로 비례하기 때문이다. 하지만 다양한 요인에 의하여 그러한 등식은 성립되지 않는 것이 사실이다. 실제로 들판 초지는 1m^2 면적에 약 20여종의 초본식물종이 함께 생육하고 있지만, 비록 숲이라 할지라도, 리기다소나무 조림지와 같은 인공림에서는 그 정도의 종다양성을 관찰하려면 적어도 200m^2 이상의 넓은 면적이 되어야 한다. 목초지에서의 실험결과에 의하면 비료를 사용한 곳(실험구)과 자연상태로 유지되고 있는 초지(대조구)에서 종다양성은 시간이 경과함에 따라서 크게 차이가 나는 것으로 나타났다(Tilman, 1982). 비료가 더해진 목초지는 약 80년 만에 종다양성(Shannon-Weiner 다양도)이 거의 제로(0)에 근접하는 것으로 밝혀졌는데, 이것은 집약적인 이용압에 노출된 목초지에서는 출현 식물종의 다양성이 아주 낮을 뿐만 아니라, 그런 이용압을 이겨내는 특정의 한두 종(stress-tolerator)만이 우세하고 있다는 것을 의미한다.

생활형

목적

식물은 다양하고 독특한 생활형(life-form)을 가지고 있다. 계통분류학적 종(species) 수준에서 서식처와의 상호관계를 해석함으로써 지표종 또는 진단종의 개념이 발달하였다면, 그러한 계통분류학적 정보를 일체 배제하고서 생활형과의 대응(matching)으로 서식처 특성이 설명될 수 있다는 것을 학습한다.

이론 및 원리

모든 식물종은 독특한 생활형(life-form)을 가지고 있는데, 서식처 환경 조건에 대응하여 진화한 결과로서 식물체의 특징적인 구조 형태와 휴면(休眠) 방식들로 표현되며, 유전적이다(Lincoln *et al.,* 1998). 따라서 서식처 조건에 대응하여 각기 서로 다른 식물종들로 구성된 식물군락(식물 사회)이 발달하고 있고, 생활형에 있어서 일정한 양식이 특징적으로 관찰되고 있다는 것이다. 생활형 연구의 대표적인 사례는 식물 분열조직인 겨울눈(bud, 휴면아)의 위치에 따라 생활형을 구분한 '라운키에르 생활형(Raunkiaerian life-form)'이다(Raunkiaer, 1934; Mueller-Dombois and Ellenberg 1974). 분열조직의 위치에 따라 크게 여섯 가지 생활형으로 구분되는데, 수계에 사는 식물들에 대해서는 다시 5개로 나누기도 한다.

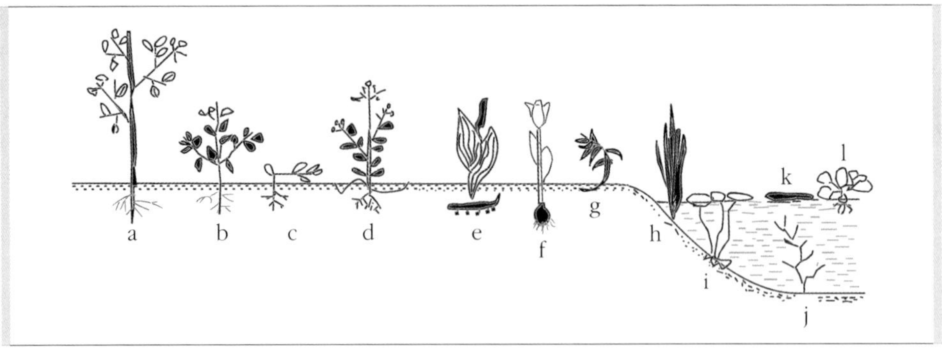

◉ 라운키에르의 생활형 구분 ◉

a: 지상식물, b: 지표식물, c, d: 반지중식물, e, f: 땅속(지중)식물, h: 습생식물, i, j: 수생식물, I - 부엽식물, j - 침수식물, k, l - 부유식물, g: 일년생식물(수생 일년생식물도 있음).
각 식물체의 짙은 부분은 휴면아를 의미함. (김종원, 이율경, 2006)

◉ 생활형 판정 조견표: 식물 생활형의 다양성과 판정 기준 ◉

지상식물 (Phanerophytes)

- 대형지상식물(Megaphanerophytes) : 휴면아가 지표면에서 50m 이상에 있는 지상식물
- 중형지상식물(Mesophanerophytes) : 휴면아가 지표면에서 8~50m 사이에 있는 지상식물
- 소형지상식물(Microphanerophytes) : 휴면아가 지표면에서 2~8m 사이에 있는 지상식물
- 미소지상식물(Nanophanerophytes) : 휴면아가 지표면에서 0.3~2m 사이에 있는 지상식물

지표식물 (Chamaephytes)

- 지표식물(Suffruticose chamaephytes) : 휴면기 동안 윗부분의 식물체와 꽃대는 죽으나, 목질화(木質化)의 기저부분은 생존하고 있는 식물
- 수동지표식물(Passive chamaephytes) : 휴면기 동안 땅위를 기는 위치에서 직립한 식물줄기에 휴면아가 있는 식물
- 능동지표식물(Active chamaephytes) : 휴면기 동안 땅위를 기는 위치에서 지표와 수평의 식물줄기에 휴면아가 있는 식물

반지중식물 (Hemicryptophytes)

- 원반지중식물(Protohemicryptophytes) : 공중줄기에는 일반적인 잎을 가지나, 아랫부분의 잎에는 완전하지 않은 잎을 가지는 반지중식물
- 부분로제트식물(Partial rosette plant) : 지표 가까운 짧은 마디에서 가장 크거나 대부분의 잎을 다는 반지중식물
- 로제트식물(Rosette plant): 지표의 기저부분에 군엽을 가지는 반지중식물

지중식물(땅속식물, Cryptophytes)

- 지중식물(Geophytes) : 비늘줄기(鱗莖 bulb), 둥근줄기(球莖 corm), 뿌리줄기(根莖 rhizome), 덩이줄기(stem tuber), 덩이뿌리(root tuber)를 형성하는 땅속식물
- 습생식물(Helophytes) : 수위보다 아래의 토양 또는 진흙에 묻혀있는 뿌리줄기에 휴면아가 있는 땅속식물
- 수생식물, 수중식물(Hydrophytes) : 물 아래에 휴면아를 가지고 침수하거나 부엽하는 땅속식물

일년생식물 (Therophytes)

- 하계일년생식물(Summer therophytes) : 월동하지 않고, 생육기간 동안에 생활환을 종료하는 일년생식물
- 동계일년생식물(Winter therophytes) : 월동하는 월년초로서 가을에 근생엽으로 겨울을 보내고, 이른 봄에 성장 개화하여 생활환을 종료하는 일년생식물
- 수생일년생식물(Aquatic therophytes) : 생육기 동안 물속에서 생활환을 종료하는 일년생식물

착생식물 (Ephiphytes)

- 스스로 고착하지 못하고, 다른 식물 또는 물체에 의존하여야만 지탱되는 식물

실험기구 및 재료

방형구(quadrat) 막대, 모눈종이, 식물분류도감, 「생활형 판정 조견표」, 식물 채집도구, 루페, 「식생조사표」, 「생활형 분석표」

실험 방법

1) 편성된 조별로 데이터 수집을 위해서 필요한 「생활형-식생조사표」를 준비하는데, 「식생조사표」 속에 포함되어 있는 식물상 정보 항목을 이용하면 된다.
2) 실험 대상의 식물군락(서식처, 장소)을 선정하여 모든 출현 식물종(식물상)을 목록화한다.
3) 현장에서 동정에 어려움이 있는 종에 대해서는 임의의 이름이나 기호를 부여하여 기록한다.
4) 출현 식물종 목록이 완성되면 생활형 판정 기준에 따라 「생활형 데이터 분석표」를 완성한다.
5) 「생활형 데이터분석표」로부터 「생활형 결과분석표」를 작성하고, 이에 따라 '생활형 스펙트럼'을 그린다.

생활형 분석에 이용가능한 식생조사표(김종원, 이율경, 2006). 엷게 채색된 칸에 대하여 기록한다.

식 생 조 사 표

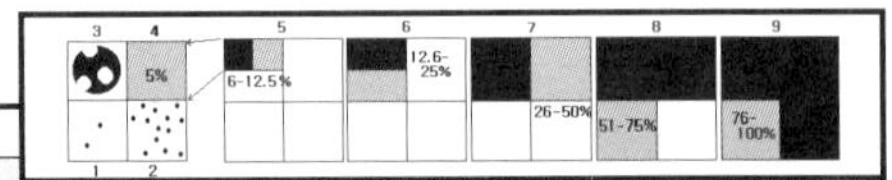

조사구번호 :

날짜 : . .

군계형 :	상관형 :	
조사지 주소 :		GPS : ° ′ ″ N, ° ′ ″ E
군락명 :	[진단종 체크]	
면적(㎡) : X	산지지형 : 능선부, 사면상부, 사면중부, 사면하부, 계곡부, 평지	하천지형 : 제방상부, 제방비탈, 제방하부, 고수부지, 둔치, 유수면
해발고도 : m	암석권 : 퇴적암( ), 화성암( ), 변성암( )	암석노출 : ≥51%, <50%, <25%, <5%, 0%
방위 :	토양(토양분류표) : 갈색삼림토, 적황색삼림토, 암적색삼림토, 회갈색삼림토, 침식토, 미숙토, 암쇄토	미세지형 : 평면, 돌출, 함몰, 요철
경사도 : °	토성(토질분류표) : 사토, 양질사토, 양토-사양토, 미사질양토, 식양토-사질식양토, 미사질식양토-미사토, 식토-사질식토, 미사질식토	
HT/CT-1 : m % 우점종:	낙엽부식층 : 매우양호, 양호, 보통, 불량, 매우불량	빛조건 : 불량(음지), 양호(반음지), 매우양호(양지)
HT/CT-2 : m % 우점종:	입지접근성(예) : 강(평지), 중, 약(절벽)	교란입지거리(예) : 인접(도로), 보통, 이격(오지)
HS/CS : m % 우점종:	매립 · 굴취 : 강, 중, 약	산불 · 벌채 · 경작 · 조림 : <1년, <5년, <10년, <40년, ≥40년
HH/CH-1 : m % 우점종:	인접군락 : 동( ), 서( ), 남( ), 북( )	
HH/CH-1 : m % 우점종:	CM : %	DBH : cm, cm, cm, cm, cm

(T_1) 교목층	(S) 관목층	(H_1) 초본층
2	2	2
3	3	3
4	4	4
5	5	5
6	6	6
7	7	7
8	8	8
9	9	9
10	10	10
(T_2) 아교목층	11	(H_2) 초본층
2	12	12
3	13	13
4	14	14
5	15	15
6	16	16
7	17	17
8	18	18
9	19	19
10	20	20
11	21	21
12	22	22
13	23	23
14	24	24
15	25	25
특기사항 :	입지위치도 :	26
		27
		28
		29
		30
군락단면모식도		31
		32
		33
		34
		35
		36
		37
		38
		39
		40

책임조사자 : 기록자 : 채집자 :

「생활형 데이터분석표」

______________ 식물군락(장소, 서식처)의 종다양성과 생활형					
과명	종명	생활형	과명	종명	생활형
•			•		
•			•		
•			•		
•			•		
•			•		
•			•		
•			•		
•			•		
•			•		
•			•		
•			•		
•			•		
•			•		
•			•		

* 위의 표는 「생활형 데이터분석표」의 샘플로서 출현하는 종수에 따라서 칸을 늘여서 사용한다.

「생활형 결과분석표」

소속:	학번:	이름:

생활형	식물군락 A		식물군락 B		식물군락 C	
	개체수	(%)	개체수	(%)	개체수	(%)
지상식물 (Phanerophytes)						
지표식물 (Chamaephytes)						
반지중식물 (Hemicryptophytes)						
지중식물 (땅속식물, Cryptophytes)						
일년생식물 (Therophytes)						
착생식물 (Ephiphytes)						
총계		(100%)		(100%)		(100%)

* 실험 목표에 따라 생활형의 범주를 위의 표처럼 더욱 세분하여 분석할 수 있다.

25 실험 생활형

일반 생물학 실험서

제출일 :

대 학		학 과	
학 번		성 명	

결과 및 관찰(이하 별지)

힌트

1) 「생활형 결과분석표」에 따라 각 식물군락별로 '생활형 스펙트럼'(사례: 아래의 표)을 그린다.
2) '생활형 스펙트럼'으로부터 간략하고 이해하기 쉽도록 결과를 정리한다.
3) 아래의 물음을 염두에 두고서 결론을 도출하도록 한다.
   (1) 식물군락이 발달하고 있는 서식처의 환경조건(인간간섭 포함)에 따라 생활형에 어떠한 차이가 있는가?
   (2) 우세한 생활형은 무엇인가?
   (3) 생활형의 스펙트럼 모양이 다른 것은 무엇을 뜻하는가?
   (4) 실험을 하는 중에 방법에서나 결과에서 어떤 실수가 있었는가?

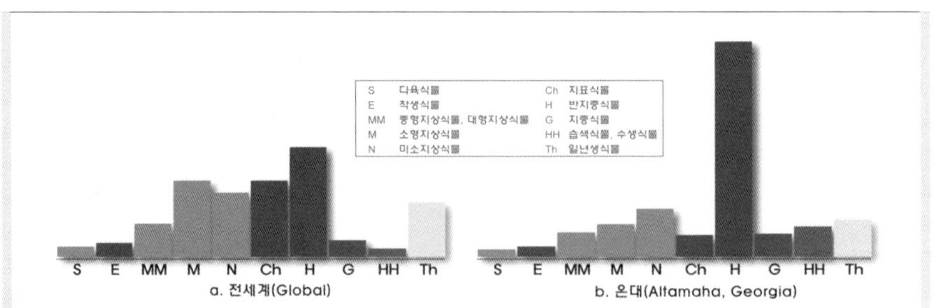

생활형 스펙트럼. 서로 다른 생물군계 수준에서 생활형 스펙트럼의 비교 사례
(Townsend *et al.,* 2003)

고찰

참고문헌

김종원, 이율경. 2006. 식물사회학적 식생조사와 평가방법. 월드사이언스. 서울.

Lincoln, R., G. Boxshall, and P. Clark. 1998. A Dictionary of Ecology, Evolution and Systematics(2nd eds.). Cambridge University Press. London.

Mueller-Dombois, D. and H. Ellenberg. 1974. Aims and Methods of Vegetation Ecology. John Willy & Sons. New York.

Raunkiaer, C. 1934. The Life and Form of Plants. Oxford University Press, Oxford.

Townsend, C.R., M. Begon, and J.L. Harper. 2003. Essentials of Ecology (2nd Edition). Blackwell Publishing. London.

고찰을 위한 도움글

아래 설명을 참고로 실험한 결과에 대하여 조원들과 면밀히 고찰하고, 그 내용을 간략하게 정리한다.

※ 지구 생물군계(Biome) 수준에서 생활형 스펙트럼을 비교해 보면 뚜렷한 차이가 있다. 우리나라처럼 사계절이 뚜렷한 온대지역에서는 반지중식물의 구성비가 지구 평균의 약 두 배가 된다(Townsend *et al.,* 2003). 반면에 열대지역은 연중 고온다습(高溫多濕) 기후환경으로 지상식물 구성비가 매우 높은 것이 특징이다. 이러한 생활형은 동일한 지리적 범위(지역 수준), 즉 동일한 생물군계 수준에서는 생활형 스펙트럼의 차이는 거의 없다. 그것은 식물 생활형은 특히 기후적(특히 온도) 요소에 크게 의존하기 때문이다. 따라서 동일한 기후 지역이나 생물군계 속에서는 식생형(vegetation type)이나 서식처 유형(habitat type)이 서로 다른 식물군락 간에서 생활형을 비교하여야 한다. 예를 들면, 잔디밭 식물군락과 삼림 식물군락 간의 비교는 식생형 간의 비교 관찰이며, 하천변 식물군락과 산지 식물군락 간의 비교는 서식처 유형 간의 비교 관찰이 되는 사례이다.

개체군

목적

개체군(population, 집단) 크기는 그 집단을 이루고 있는 개체수로 나타내며, 단위 면적당 개체수로 표현한다면 밀도(density)를 의미하기도 한다. 따라서 개체군 크기는 기본적으로 집단을 구성하고 있는 개체수로 표현하면 된다. 개체군 크기는 그 집단을 이루고 있는 모든 개체수를 직접 헤아리는 방법도 있지만, 개체수가 아주 많거나, 그 집단의 규모가 어느 정도인지를 전혀 알 수 없는 상태에서 전체 개체수를 추정하는 방법으로 'Lincoln-Peterson의 표식-재포획 방법'(Brower and Zar, 1977)이 일반적이다. 본 장에서는 이 방법으로 개체군의 크기를 규명하는 것을 학습한다.

이론 및 원리

'Lincoln-Peterson의 표식-재포획 방법'(mark-recapture method; LeCren, 1965 in Brower and Zar, 1977)은 포획-재포획(capture-recapture) 방법이라고도 부른다. 표식-재포획 방법은 동물 개체군에 대해서 적용되는 방법인데, 그 원리는 다음과 같다: 먼저 탐구 대상의 미지 개체군으로부터 다수의 개체를 포획한 다음, 인식이 가능한 표식을 한 후, 되도록 짧은 시간 내에 원래 장소에 풀어놓는다. 그리고 얼마 간의 시간이 경과한 후(일반적으로 1, 2주 후)에 처음 포획했을 때와 마찬가지 방식으로 다수의 개체를 포획한다. 재차 포획한 개체들 속에는 표식을 가지고 있는 개체들도 포함되어 있다. 여기에서 개체군을 구성하고 있는 총개체수(N)는 처음에 포획해서 표식하여 풀어놓았던 개체수(M)와 재포획에서 잡힌 개체수(n)와 그 속에 포함되어

있는 표식이 있는 개체수(R)와의 관계에서 추정할 수 있다:

$$\frac{N}{M} = \frac{n}{R} \text{ 에서}$$

$$\text{개체군 크기(총개체수)} \quad N = \frac{(M)(n)}{R}$$

이러한 표식-재포획 방법은 실험 대상이 되는 동물들이 포획을 전후하여 그 행동양식에 변화가 없는 것을 전제로 하거나, 획득된 결과는 그것에 영향을 받지 않았다는 것을 증명해야 하는 적용의 한계성을 가지고 있다. 동물은 일반적으로 한번 포획의 경험을 한 개체들은 그런 경험을 한 바가 없는 개체와 달리, 동물행동학적으로 포획에 대응하는 방식이 분명히 다르기 때문일 것이다(Marten, 1970). 그러므로 포획, 표식, 방사, 그리고 재포획의 일련의 과정에서 재포획에 따른 그러한 행동양식을 포함한 개체군 동태(출생율, 사망율, 이주율, 성비 등) 변화를 극복할 수 있는 적절한 실험 설계가 필요하다. 때문에 일반적으로 가장 민첩하고 신속하게 실험을 해야 하며, 동물 종에 따라서 재포획은 충분한 시간 간격을 두기도 하며, 고립된 또는 폐쇄된 생태계(closed ecosystem)에서 주로 적용되고 있는 방법이다.

실험기구 및 재료

실내 예비실험 : 바둑알(모집단의 총개체수) 검은 돌 100개, 흰 돌 200개, 헝겊 주머니 또는 종이 상자 박스, 「개체군 크기 추정분석표」

실험 방법

1) 데이터 수집을 위하여 조(팀)를 구성한다.
2) 각 조는 개체군 크기(총개체수)가 서로 다른 모델을 설정한다.
3) 각 조는 아래와 같이 준비된 실험을 통해 표식-재포획에 대한 데이터 분석을 익힌다.
   (1) 포획과 표식 과정 : 바둑 검은 돌 100개(포획하여 색깔을 입힌 것으로 함)

(2) 방사 과정 : 바둑알이 들어 있는 박스 속에 검은 돌 100개를 집어넣고, 완전히 뒤섞기

(3) 재포획 과정 : 박스 속에서 150개 바둑을 집어내었더니, 검은 돌 50개가 포함되어 있음

(4) 계산 : 전체 바둑알 수(총개체수) $N = (M)\left(\frac{n}{R}\right) = 100 \times \frac{150}{50} = 300$

(5) 표식-재포획 방법은 위의 경우 재포획에서 검은 돌 50개가 포함되는 것이 관건인데, 즉 재포획 과정에 표식이 된 개체가 포획되는 것에는 오차(error)가 포함될 수밖에 없다. 야생의 실제 실험과정에서는 더욱 그러하다. 따라서 그 오차를 제시하는 것이 보다 정확한 분석이라 할 수 있는데, 표준오차(standard error)는 다음 식으로부터 구할 수 있다:

표준오차 $SE = \sqrt{\frac{(M)(n)(M-R)(n-R)}{R^3}}$.

위의 바둑알 예제에서는 $SE = \sqrt{\frac{(100)(150)(100-50)(150-50)}{(50)^3}}$

$= 24.5$가 된다.

따라서 표식-재포획 개체군 추정값은 $N \pm (t)(\mathrm{SE})$, 즉 $300 \pm (t)(24.5)$로 산출된다. 95% 신뢰구간에서 $t = 1.96$, 99%에서 $t = 2.58$ (자유도 DF $= \infty$)로써 전자를 적용하면, $300 \pm (1.96)(24.5)$으로 계산이 되며, 결국 총개체수는 300±48개체, 즉 252개체~348개체로 추정되는 것이다.

(6) 여러 차례 반복하여 실험하여 「개체군 크기 추정 분석표」를 작성하고 유사한 결과를 얻게 됨을 확인한다.

4) 각 조는 제공된 임의의 개체군 크기(총개체수)를 가지고 실험에 임한다.

「개체군 크기 추정분석표」

실험 횟수	포획-표식 개체수 (M)	재포획 개체수 (n)	재포획-표식 개체수 (R)	추정총 개체수 (N)	표준오차 (±SE)	총개체수 범위 (95%, t=1.96)
1	100	150	50	300	24.5	252~348
2						
3						
4						
5						
6						
7						
8						
9						
10						

26 실험 개체군

일반 생물학 실험서

제출일 :

대 학		학 과	
학 번		성 명	

결과 및 관찰

힌트

아래의 물음을 염두에 두고서 실험에 임하며, 결론을 도출한다.

1) 표식-재포획 방법으로 개체군 크기를 추정하는 데에 가장 크게 영향을 미치는 실험과정은 무엇이며, 그 이유는 무엇일까?
2) 재포획 과정에서 표식이 있는 개체가 포획되는 데에 미치는 영향들은 어떤 것들이 있는가?
3) 실험에 임하는 방법이나 결과에서 어떤 혼란이 있었는가?

고찰

참고문헌

Brower, J.E. and J.H. Zar. 1977. Field and Laboratory Methods for General Ecology. wm. c. Brown Company Publishers.

LeCren, E.D. 1965. A note on the history of mark-recapture population estimates. J. Animal Ecol. 34: 453-454.

Marten, G.G. 1970. A regression method for mark-recapture estimation of population size with unequal catchability. Ecology 51: 291-295.

고찰을 위한 도움글

아래 설명을 참고로 실험한 결과에 대하여 조원들과 면밀히 고찰하고, 그 내용을 간략하게 정리한다.

※ 'Lincoln-Peterson의 표식-재포획 방법'은 다음과 같은 가정에서 성립된다:

1) 개체군은 고립되거나 폐쇄되어 있어서 개체군 크기(N)는 일정하다.
2) 개체군 내의 모든 개체들은 최초 샘플에서 포획될 기회가 똑같다.
3) 표식된 개체들은 포획에 대하여 영향을 받지 않는다. 즉 모든 표식된 개체들은 재포획의 과정(두 번째 샘플)에서 재포획될 기회가 똑같다.
4) 개체들은 포획과 재포획의 기간 사이에 표식을 잃거나 사라지지 않는다.

이 가운데 개체군 크기가 조사하는 기간에 일정할 수 있는 폐쇄 개체군(closed population)이 'Lincoln-Peterson의 표식-재포획' 방법에 가장 중요한 조건이다. 폐쇄 개체군은 일반적으로 해당 동물종이 분산 분포에 장벽(dispersal barrier)이 존재하는 경우인데, 자신이 출생한 곳으로 귀소하거나 그곳에 처음부터 남아있고자 하는 본능(philopatry)같은 특질이 여기에 해당한다. 하지만 개방개체군(open population)이라 할지라도, 생식과 사망이 아주 느리게 진행되는 동물종이라면 포획과 재포획 사이의 기간을 짧게 하거나 조사 영역(area)을 아주 넓게 한다면 폐쇄 개체군의 특질을 부여하게 된다.

생태계

목적

경관(landscape)은 토지를 피복하고 있는 식생(vegetation)에 의하여 시각적으로 달리 보인다. 즉 경관은 다양한 식생형(삼림, 초지 등)으로 이루어져 있다는 것을 의미한다. 그러한 식생은 그 토지가 가지고 있는 비생물적 요소(abiotic elements) 즉 자연환경 조건과 인간의 간섭 양식에 따라 다양한 식물군락들로 이루어져 있다. 본 장에서는 현장에서 관찰하게 되는 자연생태계를 이해하기 위한 최초의 과정을 현지에서 직접 학습하고 체득하는 데에 그 목적이 있다.

* 비생물적 그리고 무생물적 : 지금까지 생물적(生物的)인 것에 대응하여 무생물적(無生物的)이란 용어를 사용해 왔다. 하지만, 무생물이란 의미는 엄밀하게 '생물이 아닌 것(非) nonliving'이 아니라 '없다(無)'는 의미이다. 따라서 생물적(生物的)인 것의 정확한 대응 용어는 비생물적(非生物的)이다.

이론 및 원리

지역의 경관은 다양한 생태계(삼림생태계, 초지생태계 등)로 이루어져 있고, 그러한 생태계는 다양한 서식처(제23장 서식처 분류를 참조)로 구성되어 있다. 각각의 서식처 속에는 생물적 요소(biotic elements)와 비생물적 요소의 상호 관계에 의한 복잡한 생태적 과정이 일어나고 있다. 그러한 생물적 요소와 비생물적 요소, 그리고 그들 간의 상호관계를 포함하는 한 묶음(단위)을 생태계(ecosystem)라고 한다. 그래서 생태계는 지구환경 또는 경관의 기본 단위라고 부른다. 여기에서 생물적 요소는 생물종다양성을 의미하며, 비생물적 요소는 환경 조건과 자원의 상태를 의미한다. 그들 간의 상호관계는 생물적, 생태적, 물리적, 화학적 과정 등으로 설명된다. 따라서 현장에서 생태계를 이해하기 위해서는 해당 장소의 비생물적 요소와 생물적 요소에 대한 인식이 필수적이다. 현장에서 직접 실체적으로 생태계를 이해하기 위해서는 다음의 8가지 정보에 대하여 체계적으로 살펴보면 된다.

1) 비생물적 요소

(1) 지리 정보(geography) : 디지털 위치(위도, 경도의 좌표)와 아날로그 위치(행정구역 명칭과 주소), 그리고 온도 환경조건과 직접적으로 관련 있는 해발고도(해수면으로부터 높이; above sea level)에 대하여 인지한다.

(2) 기후 정보(climate) : 대기후, 중기후, 소기후 수준에서 해당 장소에서의 기후 특성(연평균 기온, 연강수량, 서리일수, 최심적설량 등), 대륙성과 해양성, 해안성과 내륙성 등에 대하여 타 지역과의 유사성과 상이성을 인식한다.

(3) 지질 정보(geology) : 해당 장소의 기반암(모암)에 대한 암석 종류의 다양성과 분포 양상을 살펴본다.

(4) 지형 정보(topography) : 대지형(macrotopography, 예: 산지, 구릉지, 충적저지와 충적대지, 해안사구 등), 중지형(mesotopography, 예: 산지 능선, 사면, 계곡 등), 그리고 미지형(microtopography, 예: 요철과 경사)의 양상을 살펴본다.

(5) 토양 정보(soil) : 토질(예: 조립질, 세립질; 갈색삼림토, 풍화토 등)과 토성(예: 진흙, 양토, 모래, 사질양토 등)의 다양성과 복잡성을 살펴본다.

(6) 토지이용(land-use)과 인간간섭 정보(human interference) : 위의 다섯 가지 비생물적 요소에 영향을 미치고 있는 산불, 벌채, 절토(切土)와 적토(積土), 개간 등의 인간간섭의 종류와 다양성, 그리고 그 정도와 상호관계를 살펴본다.

2) 생물적 요소

(7) 생물종조성(species composition) : 생물종의 다양성과 종조성, 주요 생물종(핵심종, 깃대종, 중심종, 우산종, 희귀종, 법적 보호종 등)의 분포, 영양구조(먹이망과 먹이사슬) 등을 살펴본다.

(8) 식생 구조(vegetation structure) : 해당 장소에 우점하고 있는 토지이용 방식(예: 경작물과 조림, 조경 수종), 식피(vegetation cover: 식생유형) 다양성과 분포 경향성은 그 지역의 생태계에 깊은 상호관계를 가지고 있기 때문에 반드시 살펴본다.

실험기구 및 재료

지형도(해당 지역 지도, 1 : 25,000 이하), GPS(방위와 고도 측정 기능을 포함), 식물도감, 현존식생도(환경부), 지질도(한국지질자원연구원), 생물기후도, 「생태계 관찰 기록표」 등.

「생태계 관찰 기록표」

일시: . . .	관찰자:
장소:	생태계:

조사항목			내용 (추가 사항)
비생물적 요소	지리정보	행정구역	
		위도 / 경도	
		해발고도	
	기후정보	대기후	
		중기후	
		소기후	
	지질정보	암석권	
	지형정보	대지형	
		중지형	
		미지형	
	토양정보	토질	
		토성	
	토지이용과 인간간섭 정보		
생물적 요소	생물종조성		
	식생구조		
특기 사항			

* 내용(추가 사항) 칸에는 각 조사항목을 조사하여 기재하고, 그 내용에 관련하여 현장에서 획득되는 기타 정보를 기재한다. 위의 표에 대한 보다 상세한 내용은 김종원, 이율경(2006)을 참조하면 된다.

실험 방법

1) 실내 예비 실험

생태계 관찰 실습을 위한 해당 지역 또는 샘플 지역에 대하여 위의 8가지 정보를 획득할 수 있는 자료를 사전에 확보하여, 각각의 정보에 대하여 조원들과 함께 「생태계 관찰 기록표」를 작성해 본다. 아래 표는 그 예시를 보여주고 있다.

「생태계 관찰 기록표」의 작성 사례

일시: 2009 . 07 . 01 .	관찰자: 울릉박, 독도김, 제주고, 달성서
장소: 대구 달성공원	생태계: 산성 지역 - 자연생태계, 공원 내부 - 반인공/반자연생태계

<table>
<tr><th colspan="3">조사항목</th><th>내용 (추가 사항)</th></tr>
<tr><td rowspan="13">비생물적요소</td><td rowspan="3">지리정보</td><td>행정구역</td><td>대구광역시 중구 달성동</td></tr>
<tr><td>위도 / 위도</td><td>중앙 지점 : 35° 52′ 26″ N / 128° 34′ 41″ E
최고지점 : 35° 52′ 20″ N / 128.° 34′ 37″ E</td></tr>
<tr><td>해발고도</td><td>중앙지점 : 49m a.s.l., 최고지점 : 56m a,s.l.</td></tr>
<tr><td rowspan="3">기후정보</td><td>대기후</td><td>온대, 냉온대 남부/저산지대 ~ 난온대 기후, 대륙성 기후</td></tr>
<tr><td>중기후</td><td>대구 분지형 기후, 내륙형 기후</td></tr>
<tr><td>소기후</td><td>도심지 공원(녹지) 기후</td></tr>
<tr><td>지질정보</td><td>암석권</td><td>세일(퇴적암)</td></tr>
<tr><td rowspan="3">지형정보</td><td>대지형</td><td>산성 : 산지~구릉지, 공원 내부: 충적대지</td></tr>
<tr><td>중지형</td><td>산성 : 능선, 비탈 사면, 공원 내부: 평탄</td></tr>
<tr><td>미지형</td><td>산성 : 돌출, 요철, 공원 내부: 평면, 인공 지형</td></tr>
<tr><td rowspan="2">토양정보</td><td>토질</td><td>세립질 (부분적으로 조립질 이질 토양 혼입)</td></tr>
<tr><td>토성</td><td>산성 : 양토, 공원내부: 사질양토(이질 토양 반입)</td></tr>
<tr><td colspan="2">토지이용과 인간간섭 정보</td><td>주기적 벌채, 벌초, 식재 (산림 관리), 탐방객 답압</td></tr>
<tr><td rowspan="2">생물적요소</td><td colspan="2">생물종조성</td><td>• 쉬나무, 좀목형, 말채, 참느릅나무 등의 잠재자연식생자원 풍부, 외래 귀화식물종 아까시나무 도입에 의한 군락 종조성의 교란
• 인공 : 동물원 시설, 잔디 초지 식물사회, 외래 조경 식재종</td></tr>
<tr><td colspan="2">식생구조</td><td>• 산성 : 근자연림 식생이지만, 인위적인 벌채와 산성비에 의한 군락구조 쇠퇴
• 공원내부 : 인공 잔디(초지) 식생과 달성공원의 정체성과 조화롭지 못한 외래 조경수종에 의한 정원이 우세</td></tr>
<tr><td colspan="3">특기 사항</td><td>고유 식생이 크게 위협받고 있음(대기 오염, 잘못된 식재와 식생관리)</td></tr>
</table>

2) 야외 현장 실습

(1) 현지 야외 실습을 하기 전에 위와 같이 실내 예비 실습으로부터 그 내용을 충분히 숙지한다.
(2) 데이터 수집을 위하여 3인 1조로 편성한다.
(3) 현지에서 각 조별로 「생태계 관찰 기록표」의 빈칸을 채우도록 조사한다.
(4) 이웃하는 팀과의 상호 토론을 한다.
(5) 특히 실습 지역에서 대표적인 생태계에 영향을 미치는 결정 요소(key factor)를 특기 사항에 기재한다.

27 실험 생태계

일반 생물학 실험서

제출일 :

대 학		학 과	
학 번		성 명	

결과 및 관찰

힌트

자연생태계에 대한 체계적인 이해 과정을 통해서 생물적, 비생물적 모든 요소들의 복잡한 상호관계에서 현재의 경관과 생태계를 관찰할 수 있는 것이다. 따라서 관찰 결과로부터 현존하는 생태계를 결정하는 가장 중요한 핵심 요소가 무엇이며, 그것에 대한 방해 요인(질적 쇠퇴 요인과 촉진 요인)은 무엇인지를 도출하도록 한다. 이것을 위하여 아래의 의문에 답을 구해본다:

(1) 관찰한 생태계에 있어서 비생물적 요소와 생물적 요소 가운데 가장 특기할만한 요소는 무엇이며, 그 이유를 생각해 본다.

(2) 야생의 자연적 기원이라 할 수 없는, 즉 인간에 의하여 직접적으로 도입되었거나 간접적으로 분포가 확산된 비고유종(non-native species; 식물종이나 동물종)이 어떤 것이 있는지를 파악하고, 이것이 생태계와 경관에 미치는 영향을 서술해 본다.

(3) 해당 지역 내에서 가장 심각한 변형이나 간섭을 받고 있는 비생물적 요소를 제시하고, 그 이유와 생태적 영향에서 비롯되는 그 결과와의 관계를 설명해 본다.

(4) 생태계를 건전하게 보존하기 위하여 팀별 발표와 논의를 통하여 전략적인 제안서를 작성해 보고, 그것의 활용으로 구체적 실행 방안을 제시해 본다.

고찰

참고문헌

김종원, 안경환, 최병기, 이창우. 2010(인쇄중). 우포늪 식물사회 생태도감. (상권) 우포늪 자연환경과 식물군락, (하권) 우포늪 생태식물상. 계명대학교 출판부.

Spellerberg, I.F. 1992. Evaluation and Assessment for Conservation. Chapman & Hall. London.

고찰을 위한 도움글

아래 설명을 참고로 실험한 결과에 대하여 조원들과 면밀히 고찰하고, 그 내용을 간략하게 정리한다.

※ 생태계는 '생물적 요소와 비생물적 요소의 상호간의 복잡한 관계'로 정의된다. 따라서 일반적으로 사용되고 있는 '식물생태계' 또는 '동물생태계'라는 용어는 엄밀하게 잘못 사용되고 있는 경우이다. 생태계는 생물종(식물, 동물, 미생물)의 다양성, 그리고 환경 조건과 자원의 상호 시스템이기 때문이다. 이러한 생태계의 고유성은 해당 생태계를 유지하는 가장 본질적인 생태적 요인(factor)에 의하여 유지된다. 예를 들면, 물 흐름에 의하여 유지되는 강과 하천처럼 유수역(流水域) 생태계는 그 물흐름(수리수문)의 변화에 의하여 생태계의 구조와 기능은 결정적으로 변질되고 만다. 우리나라에서 흔하게 접하는 또 다른 사례가 서해안 갯벌에서 관찰된다. 외부로부터 들여온 대량의 이질 토양으로 매립한 간척지 생태계인데, 고유의 염습지(鹽濕地, salt marsh) 생태계를 근본적으로 사라지게 하는 경우이다. 최근에는 '외래 귀화생물종에 의한 생태계 교란'이 주목을 받고 있는데, 우포늪과 같은 습지를 중심으로 주로 살아가는 설치류 '뉴트리아', 양서류 '황소개구리', 식물 '털물참새피'와 같은 외래종의 폐해는 국가적 문제로 인식되고 있다(김종원 등, 2010). 이들 외래 귀화생물종들이 특히 다년생(多年生)일 경우는 지역 생태계에 대한 질적 변화(먹이사슬 변화, 서식처 쇠퇴, 외래 병충해 확산 등)의 중대 원인이 되기 때문이다(Spellerberg, 1992).

계명대학교 생물학과 [일반생물학 교재편찬위원회]
교수 노광수 · 전진석 · 서보근 · 김인선 · 유 민 · 김종원

일반 생물학 실험서

2010년 8월 30일 초판 1쇄 발행
2012년 2월 29일 초판 2쇄 발행
2013년 8월 23일 초판 3쇄 발행
2015년 8월 28일 초판 4쇄 발행
2017년 1월 31일 초판 5쇄 발행
2018년 8월 31일 초판 6쇄 발행

지은이 일반생물학 교재편찬위원회 편
펴낸이 신 일 희
펴낸곳 계명대학교출판부
(42601) 대구광역시 달서구 달구벌대로 1095
TEL : (053) 580-6233
FAX : (053) 580-6235
출판등록 제347-1998-1호(1970. 9. 1)

ISBN 978-89-7585-520-7 93400 정가 14,000원
* 잘못된 책은 교환하여 드립니다.